I0047283

Azeddine Chaiba

Commandes intelligentes de la génératrice asynchrone double alimentée

Azeddine Chaiba

Commandes intelligentes de la génératrice asynchrone double alimentée

Réglage classique, commande floue, Commande neuronale et neuro-floue

Presses Académiques Francophones

Mentions légales / Imprint (applicable pour l'Allemagne seulement / only for Germany)
Information bibliographique publiée par la Deutsche Nationalbibliothek: La Deutsche Nationalbibliothek inscrit cette publication à la Deutsche Nationalbibliografie; des données bibliographiques détaillées sont disponibles sur internet à l'adresse http://dnb.d-nb.de.
Toutes marques et noms de produits mentionnés dans ce livre demeurent sous la protection des marques, des marques déposées et des brevets, et sont des marques ou des marques déposées de leurs détenteurs respectifs. L'utilisation des marques, noms de produits, noms communs, noms commerciaux, descriptions de produits, etc, même sans qu'ils soient mentionnés de façon particulière dans ce livre ne signifie en aucune façon que ces noms peuvent être utilisés sans restriction à l'égard de la législation pour la protection des marques et des marques déposées et pourraient donc être utilisés par quiconque.

Photo de la couverture: www.ingimage.com

Editeur: Presses Académiques Francophones est une marque déposée de
Südwestdeutscher Verlag für Hochschulschriften GmbH & Co. KG
Heinrich-Böcking-Str. 6-8, 66121 Sarrebruck, Allemagne
Téléphone +49 681 37 20 271-1, Fax +49 681 37 20 271-0
Email: info@presses-academiques.com

Produit en Allemagne:
Schaltungsdienst Lange o.H.G., Berlin
Books on Demand GmbH, Norderstedt
Reha GmbH, Saarbrücken
Amazon Distribution GmbH, Leipzig
ISBN: 978-3-8381-7081-7

Imprint (only for USA, GB)
Bibliographic information published by the Deutsche Nationalbibliothek: The Deutsche Nationalbibliothek lists this publication in the Deutsche Nationalbibliografie; detailed bibliographic data are available in the Internet at http://dnb.d-nb.de.
Any brand names and product names mentioned in this book are subject to trademark, brand or patent protection and are trademarks or registered trademarks of their respective holders. The use of brand names, product names, common names, trade names, product descriptions etc. even without a particular marking in this works is in no way to be construed to mean that such names may be regarded as unrestricted in respect of trademark and brand protection legislation and could thus be used by anyone.

Cover image: www.ingimage.com

Publisher: Presses Académiques Francophones is an imprint of the publishing house
Südwestdeutscher Verlag für Hochschulschriften GmbH & Co. KG
Heinrich-Böcking-Str. 6-8, 66121 Saarbrücken, Germany
Phone +49 681 37 20 271-1, Fax +49 681 37 20 271-0
Email: info@presses-academiques.com

Printed in the U.S.A.
Printed in the U.K. by (see last page)
ISBN: 978-3-8381-7081-7

Copyright © 2012 by the author and Südwestdeutscher Verlag für Hochschulschriften GmbH & Co. KG and licensors
All rights reserved. Saarbrücken 2012

Remerciements

Je remercie mes professeurs au département d'électrotechnique de l'université de Batna, Rachid ABDESSEMED et Mohamed Lokmane BENDAAS pour tout les conseils et les encouragements qu'ils m'ont prodigués toute la durée de ce travail. Ainsi que Eduard CHEKHET Professeur à l'Institut d'électrodynamique de l'Académie nationale Ukrainienne des sciences, pour son aide précieuse.

Azeddine CHAIBA

A mes parents
A ma femme Wahiba
A toute ma famille

TABLE DES MATIERES

CHAPITRE III

COMMANDE PAR LA LOGIQUE
FLOUE DE LA GADA

CHAPITRE IV

COMMANDE PAR RESEAUX DE NEURONES
DE LA GADA

CHAPITRE V

COMMANDE PAR NEURO-FLOU
DE LA GADA

LISTE DES NOTATIONS ET ABREVIATIONS

GADA   : Génératrice Asynchrone à Double Alimentation.

T.I.A   : Techniques de l'intelligence artificielle

MLI   : Modulation de la largeur d'impulsion

IA   : Intelligence Artificial.

CLF   : Contrôleur à Logique Floue (*FLC* :fuzzy logic controller).

NNC   : neural network controller

NFC   : neuro-fuzzy controller

s   : grandeur statorique.

r   : grandeur rotorique.

d, q   : Indices des composantes directe et en quadrature

Ψ_s, Ψ_r : flux statorique et rotorique.

ω_s, ω_r : vitesses angulaires électriques statorique et rotorique.

Ω : Vitesse mécanique.

θ_s, θ_s : angles électriques statorique et rotorique.

V_s : Tension statorique.

V_r : Tension rotorique.

I_s : Courant statorique.

I_r : Courant rotorique.

P : Puissance active.

Q : Puissance réactive.

U_m	: Amplitude de la tension statorique.
L_s	: Inductance propre du stator.
L_r	: Inductance propre du rotor.
R_s, R_r	: résistances d'enroulements statorique et rotorique.
M	: Inductance mutuelle entre stator et rotor.
σ	: Coefficient de dispersion.
C_{em}	: Couple électromagnétique.
C_r	: Couple résistant.
C_e^*	: Couple de référence.
$réf$	: Indice indiquant la référence (la consigne)
f	: Coefficient de frottements.
J	: moment d'inertie.
p	: nombre de pairs de pôles.

INTRODUCTION GENERALE

La production de l'énergie renouvelable a connu des développements considérables au cours des dernières années. En effet, les modes de production reposant sur la transformation d'énergie renouvelable par exemple éolienne, sont appelés à être de plus en plus utilisés dans le cadre du développement durable, [1]. Pour réaliser ceci, il est important de disposer de différentes technologies de générateurs telles que les machines synchrones et les machines à aimants permanents. La machine à induction à cage est la plus utilisée, car elle est peut coûteuse, robuste et sa maintenance est très facile et simple. Mais si elle est connectée directement au réseau, ce dernier impose la fréquence et dans ce cas la vitesse d'entraînement doit être constante, [2]. De plus, si on utilise un convertisseur à son stator, on trouve que la plage de variation de vitesse est plus limitée.

1

Si on utilise un alternateur classique (machine synchrone triphasée) entraîné à vitesse variable, dans ce cas le système est composé d'un convertisseur statique de fréquence placé entre le stator et le réseau et qui permet de transformer la fréquence variable de l'alternateur. Il faut ajouter un compensateur synchrone afin de fournir la puissance réactive consommée par le convertisseur statique, ce qui augmente le coût du système, [3-5]. Tout ceci explique pourquoi on recherche à remplacer ce système.

L'étude, que nous présentons, consiste à utiliser une machine asynchrone à double alimentation (GADA), fonctionnant en génératrice non autonome et alimentée par un convertisseur au rotor. Le système est constitué d'une machine asynchrone triphasée à rotor bobiné, d'un convertisseur statique de fréquence associé au rotor qui fournit le complément de la fréquence nécessaire pour maintenir la fréquence du stator constante; c'est-à-dir que la fréquence du réseau reste constante lors de la variation de la vitesse mécanique. Aussi la puissance traitée par le convertisseur associé au rotor ne dépasse pas 30% de toute la puissance du système, [6-10]. Cela permet de réduire les pertes et le coût de la production.

Afin d'obtenir avec la machine asynchrone à double alimentation des performances semblables à celle de la MCC, il est nécessaire d'appliquer la commande vectorielle par orientation du flux afin d'assurer le contrôle du flux et celui du courant générant le couple électromagnétique.

La commande vectorielle basée sur les régulateurs classiques (réglage à action proportionnelle, intégrale et dérivée), ne permet pas dans tous les cas de maîtriser les régimes transitoires, et en général, les variations paramétriques de la machine. Cependant, il existe des commandes modernes qui s'adaptent mieux avec ces exigences et qui sont moins sensibles et robustes.

L'intelligence artificielle apparut en 1950, est une branche de l'informatique qui traite la reproduction par la machine de certains aspects de l'intelligence humaine tels qu'apprendre à partir d'une expérience passée à reconnaître des formes complexes et à effectuer des déductions, [11].

Les résultats les plus aboutis de l'intelligence artificielle concernent la résolution de problèmes complexes dans un domaine délimité de compétences.

En revanche, l'Intelligence Artificielle (IA) tel que la logique floue, réseaux de neurones et neuro-flou offre des outils totalement découplés de la structure du système, ne nécessitant pas la modélisation préalable de ce dernier et permettant un suivi temps réel de son évolution. Par ailleurs, le raisonnement en ligne fait que l'approche de l'Intelligence Artificielle est plus robuste à des changements de modes opératoires, comme pour les systèmes ayant plusieurs configurations ou étant obligés de changer régulièrement de configuration. Cette approche s'avère par conséquent évolutive, [12].

La logique floue a été introduite pour approcher le raisonnement humain à l'aide d'une représentation adéquate des connaissances. Son intérêt réside dans sa capacité à traiter l'imprécis, l'incertain et le vague. Elle est issue de la capacité de l'homme à décider et agir de façon pertinente malgré le flou des connaissances disponibles, [13-14]. Cependant, un système flou est difficile à appréhender. Sa commande et son réglage peuvent être relativement long. Il s'agit parfois beaucoup plus de tâtonnement que d'une réelle réflexion. Il manquait donc à la logique floue un moyen d'apprentissage performant pour régler un système flou, c'est *les réseaux de neurones*.

Les réseaux de neurones peuvent fournir une solution intéressante pour des problématiques de contrôle des systèmes non linéaires. En effet, leur utilisation ne nécessite pas l'existence d'une modélisation formelle de ces systèmes. Par ailleurs, leurs capacités de mémorisation, d'apprentissage, d'adaptation et le parallélisme du calcul représentent des fonctions très utiles à tout système complexe, [15-16].

Les réseaux neuro-flous sont nés de l'association des réseaux de neurones avec la logique floue, de manière à tirer profits des avantages de chacune de ces deux techniques. La principale propriété des réseaux neuro-flous est leur capacité à traiter dans un même outil des connaissances numériques et symboliques d'un système. Ils permettent donc d'exploiter les capacités d'apprentissage des réseaux de neurones d'une part et les capacités de raisonnement de la logique floue d'autre part, [17-19]. Différentes combinaisons de ces deux techniques d'intelligence artificielle existent et mettent en avant des propriétés différentes.

Le contenu de cet ouvrage est structuré en cinq chapitres.

Dans le premier chapitre nous allons présenter un état de l'art sur les machines asynchrones à double alimentation, leurs applications et leurs particularités. Ceci nous permet de nous positionner quant au choix du type de génératrice utilisée pour la production de l'énergie électrique. Nous y verrons donc l'intérêt que présente la machine asynchrone double alimentée par rapport aux autres machines.

Dans le second chapitre nous développons la modélisation et la commande vectorielle de la machine asynchrone à double alimentation; aussi nous présentons le contrôle du facteur de puissance qui sera unitaire en régime permanent du côté statorique. Les résultats de simulations par Matlab/simulink et des tests de robustesse seront présentés.

Dans le troisième chapitre, On s'intéresse alors au remplacement du régulateur classique du courant rotorique, au sein de la commande vectorielle par un régulateur flou. Nous commençons par définir et expliquer la terminologie utilisée en logique floue, la théorie des ensembles flous et ainsi que le mode de raisonnement propre aux variables floues. Nous développons un contrôleur flou nécessaire à l'amélioration des performances de la commande vectorielle. Enfin l'influence de variation paramétrique sera testée.

Le quatrième chapitre est consacré au contrôle neuronal. Après avoir présenté l'approche neuronale et les réseaux de neurones, ainsi que leurs propriétés, on étudie, en profondeur, l'algorithme de rétro-propagation du gradient avec ses propriétés et ses limites d'utilisation. Ensuite, nous présentons les résultats de simulation et les tests de robustesse.

Le cinquième chapitre aborde nos derniers développements concernant l'utilisation des systèmes neuro-flous pour le réglage des courants rotoriques de la *GADA*. Ce travail permet l'exploitation des capacités d'apprentissage des réseaux de neurones d'une part et les capacités de raisonnement de la logique floue d'autre part. Les résultats de simulation obtenus et leurs discussions sont ainsi présentés.

Nous terminons par une conclusion générale sur l'ensemble de cette étude et nous proposons des perspectives de travail.

Références bibliographiques :

[1]   Spera. D. A, "Wind Turbine Technology'', *ASME* Press, 1994.

[2]   Heier. S, "Grid Integration of Wind Energy Conversion Systems'', Wiley, ISBN: 0-471-97143-X.

[3]   Boldea. I and S. A. Nasar, "Electric Drives'', CRC Press *LCC*, 1999.

[4]   Harnefors. L, "Control of variable-speed drives'', Applied Signal Processing and control, Departement of Electronics, Mälardalen university, Väasterås, Sweden, 2002.

[5]   Grauers. A, "Design of direct-driven permanent magnet generators for wind turbines'', Ph.D thesis, Chalmaers university of Technology, 1996.

[6]   Anca D. Hansena, Gabriele Michalke, "Fault ride-through capability of DFIG wind turbines'', Renewable Energy, pp.1594–1610, 2006.

[7]   Hansen. L. H, L. Helle, F. Blaabjerg, E. Ritchie, S. Munk-Nielsen, H. Bindner, P. Sørensen, and B. Bak-Jensen, "Conceptual survey of generators and power electronics for wind turbines'',. Risø National Laboratory, Roskilde, Denmark, Tech. Rep. Risø-R-1205(EN), ISBN 87- 550-2743-8, 2001.

[8]   L. Xu and C. Wei, "Torque and reactive power control of a doubly fed induction machine by position sensorless scheme'',. *IEEE* Trans. Ind. Applicat., vol. 31, no. 3, pp. 636.642, May/June 1995.

[9]   Petersson. A and S. Lundberg, "Energy efficiency comparsion of electrical systems for wind turbines'', in *IEEE* Nordic Workshop on Power and Industrial Electronics (NORpie/2002), Stockholm, Sweden, Aug., 12.14, 2002.

[10]   Müller. S, Deicke M. and Rikw Edoncker, "Doubly fed incution generator systems for wind turbines'', *IEEE* Industry Applications Magazine May/June 2000, pp26-33.

[11] Kaufmann. A, "Nouvelles logiques pour l'intelligence artificielle'', Edition Hermes, Paris, 1987.

[12] Dubois. D et S. Gentil, "Intelligence Artificielle et Automatique'', Revue d'Intelligence Artificielle, Vol. 8, N°1, pp. 7-27,1994.

[13] Dubois. D et H. Prade, "Fuzzy Sets and Systems'', Academic Press, 1980.

[14] Bühler. H, "Réglage par logique floue", Presses Polytechniques et Universitaires Romandes, 1994.

[15] Guez. A, J. Eilbert, and M. Kam, "Neural Network Architecture for Control'', *IEEE* Control Systems Magazine, pp. 22–25, April 1988.

[16] Hassoun. M.H, "Fundamentals of Artificial Neural Networks'', Cambridge, MA: MIT Press, 1995.

[17] Altrock. C and B. Krause, "Fuzzy Logic and Neuro-fuzzy Technologies in Embedded Automotive Applications'', Proceedings of Fuzzy Logic '93, pp. A113-1-A113-9.

[18] Nauck. D, F. Klawonn and R. Kruse, "Combining Neural Networks and Fuzzy Controllers'', Fuzzy Logic in Artificial Intelligence *(FLAI93),* ed. Klement, Erich Peter and Slany, Wolfgang, pp. 35-46, 1993.

[19] Jang. J. R, "Neuro-Fuzzy modelling and control'', Proc. of *IEEE*, Vol. 83, N°.3, pp 378-406, March,1995.

CHAPITRE I

ETAT DE L'ART DE LA MACHINE
ASYNCHRONE A DOUBLE ALIMENTATION

I.1. Introduction :

La Machine Asynchrone à Double Alimentation (GADA) a fait l'objet de nombreuses recherches principalement dans son fonctionnement en génératrice pour des applications d'énergie renouvelable.

Dans ce chapitre, nous allons présenter l'état de l'art des ensembles *GADA-Convertisseurs* utilisés dans différentes applications en regroupant l'ensemble des travaux, en articles ou contenus de thèses, que nous avons choisis de sélectionner pour commencer notre étude.

Après avoir présenté les études antécédentes, nous allons choisir par la suite la configuration et la stratégie de commande qui nous intéressent pour notre travail.

I.2. Machine Asynchrone à Double Alimentation :

La machine asynchrone à double alimentation présente un stator analogue à celui des machines triphasées classiques (asynchrone à cage ou synchrone) constitué le plus souvent de tôles magnétiques empilées munies d'encoches dans lesquelles viennent s'insérer les enroulements. L'originalité de cette machine provient du fait que le rotor n'est plus une cage d'écureuil coulée, mais constitué de trois bobinages connectés en étoile dont les extrémités sont reliées à des bagues conductrices sur lesquelles viennent frotter des balais lors de la rotation de la machine, [1].

En comparaison avec la machine asynchrone à cage, la *GADA* permet d'avoir une plage de vitesse de rotation variable de ±30% autour de la vitesse de synchronisme.

I.3. Modes de fonctionnement de la *GADA* :

I.3.1. Fonctionnement en moteur hypo-synchrone :

La puissance est fournie par le réseau au stator, et la puissance de glissement transite par le rotor pour être réinjectée au réseau. On a donc un fonctionnement moteur en dessous de la vitesse de synchronisme, figure (I.1). La machine asynchrone à cage classique peut fonctionner ainsi mais la puissance de glissement est alors dissipée en pertes Joule dans le rotor.

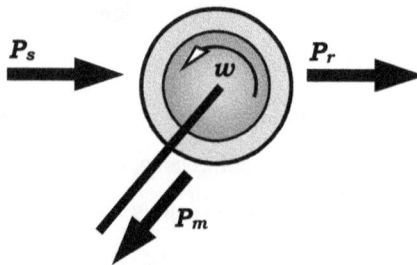

Fig. I.1. Fonctionnement de la *GADA* en moteur hypo-synchrone

8

I.3.2. Fonctionnement en moteur hyper-synchrone :

La puissance est fournie par le réseau au stator et la puissance de glissement est également fournie par le réseau au rotor. On a donc un fonctionnement moteur au dessus de la vitesse de synchronisme, figure (I.2). La machine à cage classique ne peut fonctionner dans ce régime.

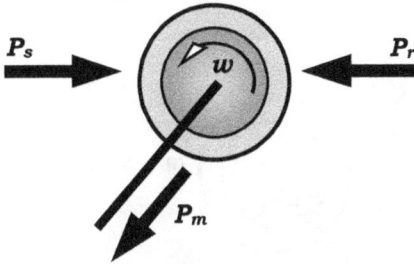

Fig. I.2. Fonctionnement de la *GADA* en moteur hyper-synchrone

I.3.3. Fonctionnement en génératrice hypo-synchrone :

La puissance est fournie au réseau par le stator. La puissance de glissement est aussi fournie par le stator. Le rotor absorbe la puissance du glissement et la direction du champ magnétique est identique à celle du champ du stator. On a donc un fonctionnement générateur en dessous de la vitesse de synchronisme, figure (I.3). La machine asynchrone à cage classique ne peut fonctionner dans ce régime.

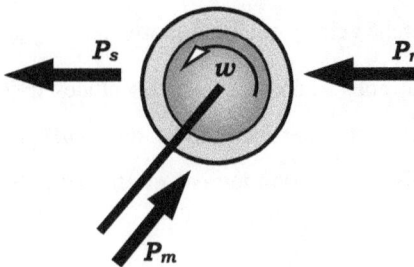

Fig. I.3. Fonctionnement de la *GADA* en génératrice hypo-synchrone

9

I.3.4. Fonctionnement en génératrice hyper-synchrone :

La puissance est alors fournie au réseau par le stator et la puissance de glissement est récupérée via le rotor pour être réinjectée au réseau. On a donc un fonctionnement générateur au dessus de la vitesse de synchronisme, figure (I.4). La machine à cage classique peut avoir ce mode de fonctionnement, mais dans ce cas la puissance de glissement est dissipée en pertes Joule dans le rotor, [2-3].

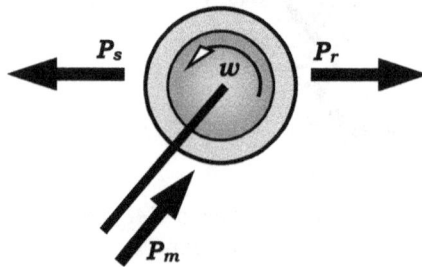

Fig. I.4. Fonctionnement de la *GADA* en
génératrice hyper-synchrone

Avant d'aborder l'étude et la commande de la machine asynchrone à double alimentation, un état de l'art des travaux effectués s'intéressant à cette machine sera présenté. Le bilan de cette synthèse bibliographique dégage les principaux points d'étude de la *GADA* et permet de situer ce travail par rapport à ceux déjà effectués et de définir les voies de recherche vers lesquelles il s'oriente.

Les catégories d'étude qui nous intéressent sont les études traitant la stratégie de commande pour chaque configuration et construction de la *GADA*.

I.4. Configuration du mode de fonctionnement et stratégie de commande de la *GADA* :

Dans cette partie, nous allons présenter trois configurations du mode de fonctionnement de la *GADA*. Pour chaque configuration nous allons exposer les travaux de recherches des auteurs concentrés sur le type d'alimentation et la stratégie de commande utilisée.

I.4.1. Fonctionnement en moteur avec un seul convertisseur :

Dans ce type de fonctionnement, le stator est relié au réseau à fréquence et tension constantes, tandis que le rotor est relié à son propre convertisseur qui peut être un cycloconvertisseur ou un onduleur. Cette solution permet de réduire fortement la puissance du convertisseur. La figure (I.5) présente le schéma de principe de cette catégorie de *GADA*.

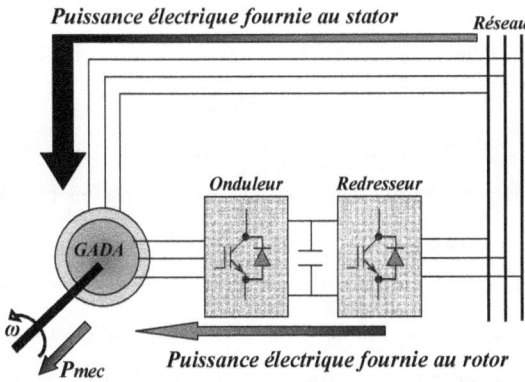

Fig. I.5. Schéma d'un système utilisant une *GADA* en moteur
alimenté par un seul convertisseur

Dans [4], HELLER présente la *GADA* comme étant la solution du futur pour les industries de pompage. Il évalue la stabilité de la *GADA* à l'aide de la méthode des petites variations autour d'un point de fonctionnement. Cette approche lui permet de tracer le lieu des pôles du système.

Le mode de fonctionnement retenu est un fonctionnement moteur (figure I.5) dont le stator est connecté au réseau et le rotor relié à un onduleur dont le contrôle est assuré par l'orientation du flux statorique. Il présente ensuite des résultats expérimentaux réalisés avec une machine de 33 kW.

Dans [5-7], MOREL assure que le fait de relier le stator au réseau et d'alimenter le rotor à travers un onduleur permet de dimensionner la puissance du convertisseur utilisé au rotor à 20% de la puissance mécanique maximale. Il effectue un contrôle du type champ orienté. Afin d'obtenir un moteur ou un générateur à vitesse variable, il propose de passer par trois étapes : mode 1, démarrer le moteur avec les enroulements statoriques en court-circuit ; mode 2, connecter le stator au réseau ; mode 3, alimenter la GADA à tension et fréquence fixes au stator et par un convertisseur au rotor. Le fonctionnement du système durant les différents modes est démontré avec validation par les résultats expérimentaux.

Dans [8], HOPFENSPERGER propose l'étude d'une *GADA* dans un fonctionnement en mode moteur et vise des applications nécessitant une variation de la vitesse de rotation. Dans le cas de l'absence du capteur de position, il propose deux façons pour déterminer l'angle de rotation du repère tournant (orienté suivant le flux au stator) : une première basée sur la mesure et l'expression des courants statoriques dans le repère tournant, la seconde nécessite la mesure des puissances active et réactive statoriques. Son étude est validée par des résultats expérimentaux.

Dans [9], l'auteur reprend la même étude mais en appliquant, cette fois-ci, la théorie du champ orienté au flux rotorique commun. Des nouveaux résultats expérimentaux sont présentés.

I.4.2. Fonctionnement en moteur avec deux convertisseurs :

Ce type d'alimentation peut prendre différentes formes :

- Deux onduleurs alimentés par leurs propres redresseurs conformément à la figure (I. 6);
- Deux onduleurs alimentés en parallèle par un redresseur commun;
- Deux cycloconvertisseurs.

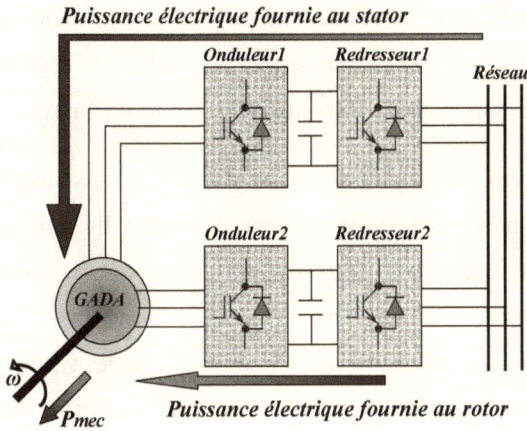

Fig. I.6. Schéma d'un système utilisant une *GADA* en moteur
alimenté par deux convertisseurs

Dans [10-13], l'étude que présente LECOCQ concerne le cas où le rotor et le stator sont connectés à deux onduleurs indépendants (Figure I.6). Il préfère la théorie du champ orienté appliqué au flux statorique et impose la vitesse, le flux, le facteur de puissance et le glissement.

Dans [12], l'auteur part du principe que la *GADA* offre quatre degrés de liberté : le flux, le couple, la fréquence et le facteur de puissance et procède à un contrôle indirect du flux d'entrefer en introduisant un courant magnétisant. La régulation des courants est effectuée par la suite. Il présente par la suite les résultats expérimentaux de cette étude.

Dans [14], VIDAL reprend la commande vectorielle présentée par LECOCQ. Il essaie d'élaborer de nouvelles lois de commande linéaire et non linéaire à partir d'un modèle d'état basé tout d'abord sur les courants puis sur les flux. L'alimentation de la *GADA* est assurée par un onduleur à MLI. En analysant le comportement de la *GADA* en régime permanent, il parvient à déterminer les couplages mis en jeu dans la modélisation choisie. Il adopte une loi de répartition de puissance et impose une fréquence minimale de fonctionnement. Pour la commande linéaire, il conclue que la

13

modélisation par flux présente de meilleurs résultats. Quant au cas non linéaire, il opte pour la commande par modes glissants. En conclusion, il affirme que cette stratégie donne de très bons résultats vis-à-vis de la commande linéaire.

MASMOUDI dans son article [15], considère une *GADA* avec deux alimentations variables et indépendantes : l'une au stator, l'autre au rotor. Il centre son intérêt aux échanges énergétiques entre les enroulements rotoriques et statoriques dans l'entrefer. Il en fait un bilan pour les fonctionnements en moteur, en générateur ou en frein. L'auteur propose enfin une étude de la stabilité en analysant les valeurs propres de la matrice dynamique en fonction des variations des paramètres électriques.

Dans [16], DRID présente une nouvelle approche pour contrôler une *GADA* alimentée par deux onduleurs de tension au stator comme au rotor. Son approche est basée sur un contrôle à double orientation du flux statorique et rotorique. L'orthogonalité entre les deux flux, qui doit être impérativement observée, conduit à une commande linéaire et découplée de la machine avec une optimisation du couple. Par la suite l'auteur présente les résultats de simulations de son étude.

RAMUZ dans sa thèse [17], propose d'utiliser une configuration de la *GADA* pour un fonctionnement moteur dans des applications telles que la traction où la "première transformation de l'acier". Les enroulements statoriques et rotoriques de la GADA sont alimentés par deux onduleurs indépendants. Il utilise un contrôle vectoriel à orientation de flux. Dans un premier temps, il présente des résultats expérimentaux avec un contrôle basé sur un repère tournant lié au flux statorique; dans un deuxième temps, le contrôle est basé sur une orientation du repère suivant le flux d'entrefer. Ces résultats expérimentaux ont été obtenus sur une maquette dont le moteur a une puissance de 1.5 kW.

I.4.3. Fonctionnement en génératrice :

Dans ce type de fonctionnement, le stator est relié au réseau et un convertisseur alimente le rotor comme nous le montre la figure (I.7). Cette solution permet de fournir une tension et une fréquence fixes même lors d'une fluctuation de la vitesse.

Dans ce cas la plus grande partie de la puissance est directement distribuée au réseau par le stator et moins de 30% de la puissance totale passe par le convertisseur de puissance à travers le rotor. Ceci donne l'occasion d'utiliser des convertisseurs plus petits et donc moins coûteux, [18-20].

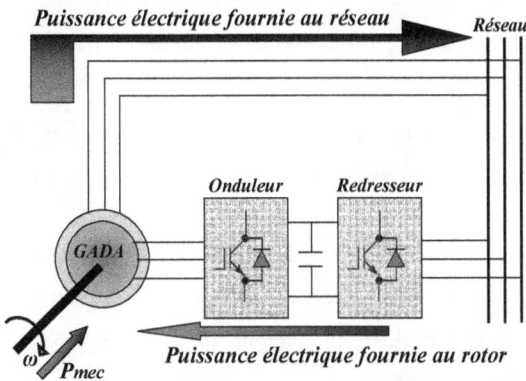

Fig. I.7. Schéma d'un système utilisant une *GADA* en alternateur
alimenté par un seul convertisseur

Dans [21], PERESADA place son étude dans le contexte d'un fonctionnement en mode générateur de la *GADA*. Les enroulements statoriques sont reliés au réseau, le rotor est connecté à un onduleur de tension. Il propose de faire une régulation "asymptotique" des puissances active et réactive statoriques par le biais d'une régulation des courants actif et magnétisant statoriques. Il se place dans un repère tournant lié à la tension statorique. Pour rester dans le cas le plus général possible, il précise qu'il ne négligera pas les termes résistifs. Il démontre à travers des tests expérimentaux et des simulations que le système est robuste face à des variations paramétriques et face à une erreur de la mesure de la position mécanique du rotor.

PENA dans [22-24], présente l'étude de la *GADA* en fonctionnant génératrice associée à une éolienne. Les enroulements statoriques sont reliés à un réseau triphasé, une association redresseur MLI- onduleur MLI au rotor. L'avantage d'une telle

15

structure est qu'elle permet le réglage indépendant des puissances fournies par l'alimentation et le fonctionnement dans une grande plage de vitesse.

Dans [25], HOFMANN propose une application éolienne de la *GADA* en fonctionnement générateur dont les enroulements statoriques sont connectés au réseau tandis que les enroulements rotoriques sont reliés à un onduleur. Il présente une courbe de couple mécanique en fonction de la vitesse. Il part de l'hypothèse que sa machine est pilotée par un contrôle vectoriel basé sur l'orientation du flux statorique. Il analyse par les simulations des variations des courants, des pertes et des flux. Il démontre que son contrôle, qui doit minimiser les pertes, est performant.

KELBER, dans son article [26], étudie le fonctionnement de la *GADA* en génératrice entraînée par une turbine hydraulique et en moteur, entraînant une pompe. Il présente une étude de la stabilité de la machine ainsi que le principe de commande en courant des deux onduleurs. L'auteur conclut que la *GADA* en génératrice possède des pôles à faible amortissement avec une pulsation propre proche de la fréquence du réseau, toutefois le choix d'une faible bande passante pour les boucles de courant élimine ce problème. Il montre qu'avec la *GADA* en génératrice, il est possible de travailler dans les quatre quadrants avec une commande découplée de la vitesse et des puissances. Des résultats expérimentaux sont présentés.

Dans un second article [27], l'auteur présente les différentes structures adoptées pour la génération de l'énergie électrique avec un entraînement éolien ou hydraulique. Cette comparaison l'amène à opter pour la *GADA* comme solution optimale.

POITIERS dans sa thèse [1], étudie une *GADA* où le stator est connecté au réseau et le rotor relié à un onduleur. Il établit une commande du type vectorielle avec un référentiel tournant lié au flux statorique. L'étude porte sur la comparaison entre un correcteur PI classique et un correcteur adaptatif type RST. Ces correcteurs visent les régulations du flux statorique et du couple. Les réponses temporelles données par les deux types de correcteurs sont ensuite comparées. Les critères sont la recherche de la puissance active optimale, l'adaptation face à une variation de vitesse brutale et la robustesse face aux variations des paramètres électriques. Les conclusions prouvent que le régulateur RST donne des résultats meilleurs en terme de robustesse vis-à-vis des variations paramétriques.

Le travail effectué le long de cet ouvrage est consacré à la commande de la *GADA* en fonctionnement génératrice non autonome alimentée par un onduleur de tension au rotor, alors que le stator est directement connecté au réseau. Le facteur de puissance est contrôlé de sorte qu'il soit unitaire en régime permanent du côté statorique. En premier lieu la stratégie de commande par orientation du flux statorique sera appliquée à la *GADA*. C'est une commande basée sur la poursuite du couple (torque tracking control). Le couple électromagnétique de référence est imposé négatif pour avoir le mode générateur, et par conséquence le flux de référence est une fonction de ce couple de référence. Par la suite des techniques de l'intelligence artificielle seront appliquées.

I.6. Conclusion :

Dans ce chapitre, nous avons présenté la *GADA* sous toutes ses configurations et les performances qui lui permettent d'occuper un large domaine d'application, soit dans les entraînements à vitesse variables (fonctionnement moteur), ou dans les applications à vitesse variable et à fréquence constante (fonctionnement générateur).

Au cours de notre recherche bibliographique nous avons balayé un grand nombre d'études et de travaux effectués sur la *GADA*. Ces études portent principalement sur son fonctionnement en génératrice, dans le domaine des énergies renouvelables, ou sur son fonctionnement en moteur avec une grande variété de modes d'alimentation et de contrôle.

Nous avons orienté notre étude sur l'utilisation d'une *GADA* en fonctionnement génératrice non autonome. Il s'agit d'une configuration utilisant un onduleur au rotor, le stator est connecté directement au réseau. Pour bien exploiter la machine à double alimentation dans un tel domaine d'application, la modélisation et la commande sont nécessaires. Le prochain chapitre est consacré à la modélisation et la commande vectorielle de la *GADA*.

I.7. Références bibliographiques :

[1]   Poitiers. F, "Etude et Commande de Génératrices Asynchrones pour l'Utilisation de l'Energie Eolienne", Thèse de l'Ecole Polytechnique de l'Université de Nantes, Nantes, France, 2003.

[2]   Drid. S, "Contribution à la Modélisation et à la Commande Robuste d'une Machine à Induction Double Alimentée à Flux Orienté avec Optimisation de la Structure d'Alimentation: Théorie & Expérimentation", thèse de doctorat en sciences, université de Batna, 2005.

[3]   Panda. D, Benedict. E. L. Venkataramanan. G and Lipo. T. A, "A Novel Control Strategy for the Rotor Side Control of a Doubly-Fed Induction Machine", Proceedings of Thirty-Sixth IAS Annual Meeting Conference IEEE, Vol.3, pp. 1695-1702, Oct 2001.

[4]   Heller. M and W. Schumacher, "Stability analysis of doubly-fed induction machines in stator flux reference frame", Proc. EPE (Trondheim), vol. 2, p. 707-710, 1997.

[5]   Morel. L, Godfroid. M, Kauffmann. J.M, "Application and Optimal Design of Double Fed Induction Machines in Generator and Motor Operating", Cigre, Moscou, Russia, 1995.

[6]
      Morel. L, Godfroid. M, Kauffmann. J.M, "Optimal Design of Double Fed Induction Machines in Motor Operating", ICEM Proceedings, Spain, 1996.

[7]   Morel. L, Godfroid. M, Mirzaian. A, Kauffmann. J.M, "Double-Fed Induction Machine : Converter Optimization and Field Oriented Control Without Position Sensor", IEEE Proc. Electr Power Appl. 145, No. 4, pp. 360-368, July 1998.

[8]   Hopfensperger. B, Atkinson. D. J, "Stator Flux Oriented Control of a Doubly-Fed Induction Machine With and Without Position Encoder", IEE Proc. Electr Power Appl. Vol. 147, No 4, p. 241-250, July 2000.

[9]   Hopfensperger. B, Atkinson. D. J, "Combined Magnetizing Flux-Oriented Control of the Cascaded Doubly Fed Induction Machine", IEEE Proc. Electr Power Appl. Vol. 148, No. 4, p. 354-362, 2001.

[10] Lecocq. D, Lataire. P.H, Wymeersch. W, "Application of the Double Fed Asynchronous Motor (GADA) in Variable Speed Drives", EPE Conference, Brighton, Vol. 5, pp. 419-423, 13-16 September. 1993.

[11] Lecocq. D, "Contribution à l'Etude des Moteurs Alternatifs à Double Alimentation par Convertisseurs Statiques pour Entraînements de Forte Puissance", Thèse de Doctorat, Faculteit Toegepaste Wetenschappen, Vrije Universiteit, Brussel, 1994.

[12] Lecocq. D, Lataire. P.H, "The Indirect Controlled Double Fed Asynchronous Motor for Variable Speed Drives", EPE Conference, Vol. 3, pp. 405-410, Sevilla, 19-21 September. 1995.

[13] Lecocq. D, Lataire. P.H, "Study of a Variable Speed, Double Fed Induction Motor Drive System with Both Stator and Rotor Voltages", Controllable Proc. EPE, pp. 337-339, Firenze, 1991.

[14] Vidal. P. E, "Commande non Linéaire d'une Machine Asynchrone à Double Alimentation", Thèse de Doctorat de l'Institut National Polytechnique de Toulouse, 2004.

[15] Masmoudi. A, Toumi. A, Kamoun. M, "Power on Analysis and Efficiency Optimization of a Doubly Fed Synchronous Machine", Proceedings Electric Machines and Power Systems 21, pp. 473-491, 1993.

[16] Drid. S, Nait-Said. M.S, Tadjine. M, "Double Flux Oriented Control for the Doubly Fed Induction Motor Electric Power Components and Systems", Taylor & Francis Inc., 33:1081-1095, 2005.

[17] Ramuz. D, "Machine généralisée alimentée par deux convertisseurs", Thèse, Institut de Génie Energétique de Belfort, UFR des Sciences, Techniques et Gestion de l'Industrie de l' Université de Franche Comté 90000 Belfort (France), mai 2000.

[18] Hansen. L. H, L. Helle, F. Blaabjerg, E. Ritchie, S. Munk-Nielsen, H. Bindner, P. Sørensen, and B. Bak-Jensen, "Conceptual survey of generators and power electronics for wind turbines", Risø National Laboratory, Roskilde, Denmark, Tech. Rep. Risø-R-1205(EN), ISBN 87- 550-2743-8, 2001.

[19] L. Xu and C. Wei, "Torque and reactive power control of a doubly fed induction machine by position sensorless scheme", IEEE Trans. Ind. Applicat., vol. 31, no. 3, pp. 636-642, May/June. 1995.

[20] Petersson.A and S. Lundberg, ''Energy efficiency comparsion of electrical systems for wind turbines'', in IEEE Nordic Workshop on Power and Industrial Electronics (NORpie/2002), Stockholm, Sweden, 12-14 Aug. 2002.

[21] Peresada. S, A. Tilli and A. Tonielli, "Robust output feedback control of a doubly fed induction machine'', Proc. IEEE International Symposium on Industrial Electronics ISIE'99 (Bled Slovenia), p.1256-1260, 1999.

[22] Pena. R.S, Clare. J.C, Asher. G.M, "Doubly Fed Induction Generator Using Back-to-Back PWM Converters and its Applications to Variable-Speed Wind-Energy Generation'', IEE Proceedings, Electrical Power Applications, Vol. 143, N° 3, pp. 231-241, May 1996.

[23] Pena. R.S, Clare. J. C, Asher. G. M, "A Doubly Fed Induction Generator Using Back-to-Back PWM Converters Supplying an Isolated Load from a Variable Speed Wind Turbine'', IEE Proceedings, Electrical Power Applications, Vol. 143, N° 5, pp. 380-387, September. 1996.

[24] Pena. R.S, Clare. J.C, Asher. G. M, "Vector Control of a Variable Speed Doubly-Fed Induction Machine for Wind Generation Systems'', EPE Journal, Vol. 6, N° 3-4, pp. 60-67, December. 1996.

[25] Hofmann. W and F. Okafor, "Doubly fed full controlled induction wind generator for optimal power utilisation'', Proc. PEDS'01, International conference on Power Electronics and Drives Systems (Bali Indonesia), oct. 2001.

[26] Kelber. C, Schumacher. W, "Adjustable Speed Constant Frequency Energy Generation with Doubly-Fed Induction Machine'', Proc. VSSHy European Conference on Variable Speed in Small Hydro, Grenoble, January. 2000.

[27] Kelber. C, Schumacher. W, "Control of Doubly-Fed Induction Machines as an Adjustable Speed Motor/Generator'', Proc. VSSHy European Conference on Variable Speed in Small Hydro, Grenoble, January. 2000.

CHAPITRE II

MODELISATION ET COMMANDE VECTORIELLE
DE LA GADA

II.1. Introduction :

La commande vectorielle par orientation du flux présente une solution attractive pour réaliser de meilleures performances dans les applications à vitesse variable pour le cas de la machine asynchrone double alimentée aussi bien en fonctionnement générateur que moteur, [1-4].

Afin de bien comprendre la méthodologie développée lors de la détermination de l'algorithme de la commande vectorielle, une modélisation de la machine asynchrone à double alimentation semble nécessaire, [5].

La modélisation d'une machine électrique est une phase primordiale de son développement, [6]. Les progrès de l'informatique et du génie des logiciels permettent de réaliser des modélisations performantes et d'envisager l'optimisation des machines électriques. Dans ce chapitre, la modélisation et la commande vectorielle de la GADA seront présentées.

II.2. Hypothèses simplificatrices pour la modélisation de la GADA :

On adopte les hypothèses simplificatrices qui tout en permettant de simplifier notablement les calculs, conduisent à des résultats suffisamment précis pour la plupart des applications; ces hypothèses sont les suivantes :

- L'entrefer est d'épaisseur uniforme et l'effet d'encochage est négligeable;
- La saturation du circuit magnétique, l'hystérésis et les courant de Foucault sont négligeables;
- Les résistances des enroulements ne varient pas avec la température et l'effet de peau est négligé;
- On admet de plus que la *f.m.m* créée par chacune des phases des deux armatures est à répartition sinusoïdale.

II.3. Modèle triphasé de la GADA :

La GADA est représentée schématiquement par la figure (II.1) :

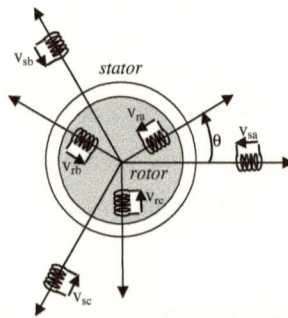

Fig. II.1. Représentation schématique de la GADA

Les équations électriques de la GADA sont données par :

Pour le stator :

$$[V_s] = [R_s] \cdot [i_s] + \frac{d}{dt}[\psi_s] \tag{II.1}$$

Avec : $[V_s] = \begin{bmatrix} V_{as} & V_{bs} & V_{cs} \end{bmatrix}^T$: vecteur tension statorique;

$\quad\quad\quad [i_s] = \begin{bmatrix} i_{as} & i_{bs} & i_{cs} \end{bmatrix}^T$: vecteur courant statorique;

$$[\Psi_s] = [\Psi_{as} \quad \Psi_{bs} \quad \Psi_{cs}]^T \qquad : \text{vecteur flux total statorique;}$$

$$[R_s] = \begin{bmatrix} R_s & 0 & 0 \\ 0 & R_s & 0 \\ 0 & 0 & R_s \end{bmatrix} \qquad : \text{matrice résistances du stator.}$$

Pour le rotor on a [7-8]:

$$[V_r] = [R_r] \cdot [i_r] + \frac{d}{dt}[\Psi_r] \qquad \qquad (\text{II.2})$$

Avec : $[V_r] = [V_{ar} \quad V_{br} \quad V_{cr}]^T \qquad : \text{vecteur tension rotorique;}$

$$[i_r] = [i_{ar} \quad i_{br} \quad i_{cr}]^T \qquad : \text{vecteur courant rotorique;}$$

$$[\Psi_r] = [\Psi_{ar} \quad \Psi_{br} \quad \Psi_{cr}]^T \qquad : \text{vecteur flux total rotorique;}$$

$$[R_r] = \begin{bmatrix} R_r & 0 & 0 \\ 0 & R_r & 0 \\ 0 & 0 & R_r \end{bmatrix} \qquad : \text{matrice résistances du rotor.}$$

Les équations magnétiques de la GADA sont données par :

pour le stator :

$$[\Psi_s] = [L_{ss}] \cdot [i_s] + [M_{sr}] \cdot [i_r] \qquad \qquad (\text{II.3})$$

pour le rotor :

$$[\Psi_r] = [L_{rr}] \cdot [i_r] + [M_{sr}]^T \cdot [i_s] \qquad \qquad (\text{II.4})$$

avec :

$[L_{ss}]$: matrice d'inductances statoriques;

$[L_{rr}]$: matrice d'inductances rotoriques;

$[M_{sr}]$: matrice d'inductances mutuelles du couplage stator-rotor.

Où :

$$[L_{ss}] = \begin{bmatrix} L_s & M_s & M_s \\ M_s & L_s & M_s \\ M_s & M_s & L_s \end{bmatrix} \qquad \qquad (\text{II.5})$$

$$[L_{rr}] = \begin{bmatrix} L_r & M_r & M_r \\ M_r & L_r & M_r \\ M_r & M_r & L_r \end{bmatrix}$$

(II.6)

$$[M_{sr}]^T = [M_{sr}] = M_{sr} \cdot \begin{bmatrix} \cos\theta & \cos(\theta - \frac{4\pi}{3}) & \cos(\theta - \frac{2\pi}{3}) \\ \cos(\theta - \frac{2\pi}{3}) & \cos\theta & \cos(\theta - \frac{4\pi}{3}) \\ \cos(\theta - \frac{4\pi}{3}) & \cos(\theta - \frac{2\pi}{3}) & \cos\theta \end{bmatrix}$$

(II.7)

Les équations (II.3) jusqu a (II.7) peuvent être formulées en bloc de matrices comme suit :

$$\begin{bmatrix} [\Psi_s] \\ [\Psi_r] \end{bmatrix} = \begin{bmatrix} [L_{ss}] & [M_{sr}] \\ [M_{sr}] & [L_{rr}] \end{bmatrix} \cdot \begin{bmatrix} [i_s] \\ [i_r] \end{bmatrix}$$

(II.8)

En faisant substituer les matrices de flux dans (II.1) et II.2) par les matrices des inductances obtenues en (II.3) et (II.4), on aboutit à :

$$[V_s] = [R_s] \cdot [i_s] + [L_{ss}] \cdot \frac{d}{dt}[i_s] + \frac{d}{dt}([M_{sr}] \cdot [i_r])$$

(II.9)

$$[V_r] = [R_r] \cdot [i_r] + [L_{rr}] \cdot \frac{d}{dt}[i_r] + \frac{d}{dt}([M_{sr}]^T \cdot [i_s])$$

(II.10)

Il est clair que les équations (II.13) et (II.14) sont à coefficients variables, puisque la matrice des mutuelles inductances contient des terme qui sont fonction de θ, donc fonction du temps. C'est cela justement qui rend la résolution analytique de ce système d'équations très difficile. Ceci nous conduit à l'utilisation de la transformation de Park qui permettra de rendre ces paramètres indépendants de la position θ (constants).

II.4. Transformation de Park :

La transformation de Park, appelée souvent transformation des deux axes, fait correspondre aux variables réelles leurs composantes homopolaires (indice O), d'axe direct (indice V), et d'axe en quadrature (indice W).

Dans le cas d'un système de courant (ou tension ou flux), cette transformation s'écrit :

$$\begin{bmatrix} x_a \\ x_b \\ x_c \end{bmatrix} = P^{-1}(\theta_a) \begin{bmatrix} x_O \\ x_V \\ x_W \end{bmatrix} \tag{II.11}$$

La variable x peut être une tension, un courant ou un flux.

Où θ_a est l'écart angulaire arbitraire entre l'axe d'une phase dans l'une des armatures (stator ou rotor) et l'axe d'observation V.

La matrice de transformation $P(\theta_a)$ est donnée par :

$$P(\theta_a) = \sqrt{\frac{2}{3}} \begin{bmatrix} \dfrac{1}{\sqrt{2}} & \dfrac{1}{\sqrt{2}} & \dfrac{1}{\sqrt{2}} \\ \cos\theta_a & \cos(\theta_a - \dfrac{2\pi}{3}) & \cos(\theta_a - \dfrac{4\pi}{3}) \\ -\sin\theta_a & -\sin(\theta_a - \dfrac{2\pi}{3}) & -\sin(\theta_a - \dfrac{4\pi}{3}) \end{bmatrix} \tag{II.12}$$

Son inverse est donné par :

$$P^{-1}(\theta_a) = \sqrt{\frac{2}{3}} \begin{bmatrix} \dfrac{1}{\sqrt{2}} & \cos\theta_a & -\sin\theta_a \\ \dfrac{1}{\sqrt{2}} & \cos(\theta_a - \dfrac{2\pi}{3}) & -\sin(\theta_a - \dfrac{2\pi}{3}) \\ \dfrac{1}{\sqrt{2}} & \cos(\theta_a - \dfrac{4\pi}{3}) & -\sin(\theta_a - \dfrac{4\pi}{3}) \end{bmatrix} \tag{II.13}$$

II.5. Application de la transformation de Park à la GADA :

II.5.1. Equations électriques de la GADA dans le repère (V, W) :

En appliquant la transformation de Park pour les deux équations électriques (II.1) du stator et (II.2) du rotor, on aura :

Pour le stator :

$$[V_s] = P^{-1}(\theta_a) \cdot [V_{OVW}]_s = [R_s] \cdot P^{-1}(\theta_a) \cdot [i_{OVW}]_s + \frac{d}{dt}(P^{-1}(\theta_a) \cdot [\Psi_{OVW}]_s) \tag{II.14}$$

En multipliant à gauche par $P(\theta_a)$; on aura :

$$[V_{OVW}]_s = [R_s] \cdot [i_{OVW}]_s + \frac{d}{dt}[\Psi_{OVW}]_s) + P(\theta_a) \cdot \left(\frac{d}{dt}(P^{-1}(\theta_a))\right) \cdot [\Psi_{OVW}]_s \tag{II.15}$$

avec : $P(\theta_a) \cdot \left(\dfrac{d}{dt}(P^{-1}(\theta_a)) \right) = \begin{bmatrix} 0 & 0 & 0 \\ 0 & 0 & -1 \\ 0 & 1 & 0 \end{bmatrix} \cdot \left(\dfrac{d}{dt}(\theta_a) \right) = \begin{bmatrix} 0 & 0 & 0 \\ 0 & 0 & -1 \\ 0 & 1 & 0 \end{bmatrix} \cdot \omega_a$ \hfill (II.16)

Où : $\omega_a = \dfrac{d\theta_a}{dt}$, vitesse de rotation du référentiel d'observation.

Dans la littérature spécialisée, la matrice définie dans (II.16) notée :

$$J = \begin{bmatrix} 0 & 0 & 0 \\ 0 & 0 & -1 \\ 0 & 1 & 0 \end{bmatrix} ; \text{ est appelée matrice de rotation.}$$

De ce qui précède, on aboutit à :

$$\begin{bmatrix} V_O \\ V_V \\ V_W \end{bmatrix}_s = \begin{bmatrix} R_s & 0 & 0 \\ 0 & R_s & 0 \\ 0 & 0 & R_s \end{bmatrix} \cdot \begin{bmatrix} i_O \\ i_V \\ i_W \end{bmatrix}_s + \frac{d}{dt} \begin{bmatrix} \Psi_O \\ \Psi_V \\ \Psi_W \end{bmatrix}_s + \begin{bmatrix} 0 & 0 & 0 \\ 0 & 0 & -1 \\ 0 & 1 & 0 \end{bmatrix} \cdot \omega_a \cdot \begin{bmatrix} \Psi_O \\ \Psi_V \\ \Psi_W \end{bmatrix}_s$$ \hfill (II.17)

On obtient finalement le système d'équations de Park qui constitue ainsi un modèle électrique dynamique pour l'enroulement biphasé équivalent de l'enroulement triphasé statorique avec la remarque que la composante homopolaire du flux ne produit pas de f.e.m. Le résultat déjà bien connu, il n'y a pas de f.m.m tournante homopolaire.

$$\begin{cases} V_{Os} = R_s \cdot i_{Os} + \dfrac{d}{dt} \Psi_{Os} \\ V_{Vs} = R_s \cdot i_{Vs} + \dfrac{d}{dt} \Psi_{Vs} - \omega_a \cdot \Psi_{Ws} \\ V_{Ws} = R_s \cdot i_{Ws} + \dfrac{d}{dt} \Psi_{Ws} + \omega_a \cdot \Psi_{Vs} \end{cases}$$ \hfill (II.18)

Sous forme vectorielle, cela donne :

$$\overline{V}_s = R_s \cdot \overline{i}_s + \frac{d\overline{\Psi}_s}{dt} + J\omega_a \cdot \overline{\Psi}_s$$ \hfill (II.19)

Pour le rotor :

De la même manière, en remplaçant l'indice "s" (du stator), par l'indice "r" (du rotor), et la matrice de transformation de Park $P(\theta_a)$ dans le cas du stator, par la matrice $P(\theta_a - \theta)$ dans le cas du rotor, puisque $(\theta_a - \theta)$ est l'angle que fait l'axe "V" du système fictif biphasé avec l'axe a_r du système d'axe réel triphasé des enroulements rotoriques.

On aura :

$$[V_{ovw}]_r = [R_r] \cdot [i_{ovw}]_r + \frac{d}{dt}[\Psi_{ovw}]_r \,) + P(\theta_a - \theta) \cdot \left(\frac{d}{dt}(P^{-1}(\theta_a - \theta)) \right) \cdot [\Psi_{ovw}]_r \quad (II.20)$$

Ou bien :

$$\begin{bmatrix} V_O \\ V_V \\ V_W \end{bmatrix}_r = \begin{bmatrix} R_r & 0 & 0 \\ 0 & R_r & 0 \\ 0 & 0 & R_r \end{bmatrix} \cdot \begin{bmatrix} i_O \\ i_V \\ i_W \end{bmatrix}_r + \frac{d}{dt}\begin{bmatrix} \Psi_O \\ \Psi_V \\ \Psi_W \end{bmatrix}_r + \begin{bmatrix} 0 & 0 & 0 \\ 0 & 0 & -1 \\ 0 & 1 & 0 \end{bmatrix} \cdot (\omega_a - \omega) \cdot \begin{bmatrix} \Psi_O \\ \Psi_V \\ \Psi_W \end{bmatrix}_r \quad (II.21)$$

avec : $\omega = \dfrac{d\theta}{dt}$,

soit : $\theta_r = (\theta_a - \theta)$,

on aura :

$$\begin{cases} V_{Or} = R_r \cdot i_{Or} + \dfrac{d}{dt}\Psi_{Or} \\[2mm] V_{Vr} = R_r \cdot i_{Vr} + \dfrac{d}{dt}\Psi_{Vr} - \omega_r \cdot \Psi_{Wr} \\[2mm] V_{Wr} = R_r \cdot i_{Wr} + \dfrac{d}{dt}\Psi_{Wr} + \omega_r \cdot \Psi_{Vr} \end{cases} \quad (II.22)$$

Sous forme vectorielle, cela donne :

$$\overline{V}_r = R_r \cdot \overline{i}_r + \frac{d\overline{\Psi}_r}{dt} + J\omega_r \cdot \overline{\Psi}_r \quad (II.23)$$

II.5.2. Equations magnétiques de la GADA dans le repère (V, W) :

Pour le stator :

En multipliant l'équation (II.3) à gauche par $P(\theta_a)$, on aura :

$$P(\theta_a) \cdot [\Psi_s] = P(\theta_a) \cdot [L_{ss}] \cdot [i_s] + P(\theta_a)[M_{sr}] \cdot [i_r] \quad (II.24)$$

Après avoir développé les calculs, on aboutit à l'expression des flux statoriques suivant les axes V et W :

$$\begin{bmatrix} \Psi_{Os} \\ \Psi_{Vs} \\ \Psi_{Ws} \end{bmatrix} = \begin{bmatrix} L_{Os} & 0 & 0 \\ 0 & L_s & 0 \\ 0 & 0 & L_s \end{bmatrix} \cdot \begin{bmatrix} i_{Os} \\ i_{Vs} \\ i_{Ws} \end{bmatrix} + M \cdot \begin{bmatrix} 0 \\ i_{Vr} \\ i_{Wr} \end{bmatrix} \quad (II.25)$$

Où :

$L_s = l_s - M_s$:   inductance cyclique propre statorique.

$M = 3/2(M_{sr})$:   inductance mutuelle cyclique entre le stator et le rotor.

$L_{Os} = l_s + 2M_s$: inductance homopolaire statorique.

Pour le rotor :

En multipliant l'équation (II.4) à gauche par $P(\theta_a)$, on aura :

$$P(\theta_r) \cdot [\Psi_r] = P(\theta_r) \cdot [L_{rr}] \cdot [i_r] + P(\theta_r)[M_{rr}] \cdot [i_s] \tag{II.26}$$

Après avoir développé les calculs, on aboutit à l'expression des flux rotoriques suivant les axes V et W :

$$\begin{bmatrix} \Psi_{Or} \\ \Psi_{Vr} \\ \Psi_{Wr} \end{bmatrix} = \begin{bmatrix} L_{Or} & 0 & 0 \\ 0 & L_r & 0 \\ 0 & 0 & L_r \end{bmatrix} \cdot \begin{bmatrix} i_{Or} \\ i_{Vr} \\ i_{Wr} \end{bmatrix} + M \cdot \begin{bmatrix} 0 \\ i_{Vs} \\ i_{Ws} \end{bmatrix} \tag{II.27}$$

Où :

$L_s = l_s - M_s$: inductance cyclique propre rotorique.

$M = 3/2(M_{sr})$: inductance mutuelle cyclique entre le stator et le rotor.

$L_{Os} = l_s + 2M_s$: inductance homopolaire rotorique.

La machine asynchrone à double alimentation peut être représentée par la relation matricielle suivante :

$$\begin{bmatrix} \Psi_{Os} \\ \Psi_{Vs} \\ \Psi_{Ws} \\ \Psi_{Or} \\ \Psi_{Vr} \\ \Psi_{Wr} \end{bmatrix} = \begin{bmatrix} L_{Os} & 0 & 0 & 0 & 0 & 0 \\ 0 & L_s & 0 & 0 & M & 0 \\ 0 & 0 & L_s & 0 & 0 & M \\ 0 & 0 & 0 & L_{Os} & 0 & 0 \\ 0 & M & 0 & 0 & L_r & 0 \\ 0 & 0 & M & 0 & 0 & L_r \end{bmatrix} \cdot \begin{bmatrix} i_{Os} \\ i_{Vs} \\ i_{Ws} \\ i_{Or} \\ i_{Vr} \\ i_{Wsr} \end{bmatrix} \tag{II.28}$$

Sachant que les composantes homopolaires sont nulles, l'équation (II.28) devient :

$$\begin{bmatrix} \Psi_{Vs} \\ \Psi_{Ws} \\ \Psi_{Vr} \\ \Psi_{Wr} \end{bmatrix} = \begin{bmatrix} L_s & 0 & M & 0 \\ 0 & L_s & 0 & M \\ M & 0 & L_r & 0 \\ 0 & M & 0 & L_r \end{bmatrix} \cdot \begin{bmatrix} i_{Vs} \\ i_{Ws} \\ i_{Vr} \\ i_{Wsr} \end{bmatrix} \tag{II.29}$$

Ou bien :

$$\begin{cases} \Psi_{Vs} = L_s \cdot i_{Vs} + M \cdot i_{Vr} \\ \Psi_{Ws} = L_s \cdot i_{Ws} + M \cdot i_{Wr} \\ \Psi_{Vr} = L_r \cdot i_{Vr} + M \cdot i_{Vs} \\ \Psi_{Wr} = L_r \cdot i_{Wr} + M \cdot i_{Ws} \end{cases} \tag{II.30}$$

Aussi pour les deux équations (II.18) et (II.22), [8] :

$$\begin{cases} V_{Vs} = R_s \cdot i_{Vs} + \dfrac{d}{dt}\Psi_{Vs} - \omega_a \cdot \Psi_{Ws} \\[2mm] V_{Ws} = R_s \cdot i_{Ws} + \dfrac{d}{dt}\Psi_{Ws} + \omega_a \cdot \Psi_{Vs} \\[2mm] V_{Vr} = R_r \cdot i_{Vr} + \dfrac{d}{dt}\Psi_{Vr} - \omega_r \cdot \Psi_{Wr} \\[2mm] V_{Wr} = R_r \cdot i_{Wr} + \dfrac{d}{dt}\Psi_{Wr} + \omega_r \cdot \Psi_{Vr} \end{cases} \qquad (II.31)$$

Le système d'équations (II.31), représente le modèle général de la GADA dans le système d'axe (V, W).

II.5.3. Couple et équation mécanique dans le repère (V, W) :

L'expression du couple électromagnétique peut être donnée par :

$$C_e = p \cdot \frac{M}{L_s}(\Psi_{Ws} \cdot i_{Vr} - \Psi_{Vs} \cdot i_{Wr}) \qquad (II.32)$$

L'équation mécanique est donnée par l'expression suivante :

$$J\frac{d\Omega}{dt} = C_e - C_r - f \cdot \Omega \qquad (II.33)$$

Remarque :

Dans notre cas (GADA), le couple électromagnétique C_e est négatif (mode générateur); et le couple C_r est le couple d'entraînement généré par un moteur extérieur.

II.5.4. Choix du référentiel :

Il existe pratiquement trois possibilités pour le choix de l'orientation du repère d'axes (V, W) :

1. repère (V, W) lié au stator $\theta_a = 0$, alors $\omega_a = 0$, les indices "V" et "W" deviennent "α" et "β".

2. repère (V, W) lié au rotor $\theta a = \theta$, alors $\omega_a = \omega$, les indices "V" et "W" deviennent "x" et "y".

3. repère (V, W) lié au champ tournant $\theta_a = \theta_s$, alors $\omega_a = \omega_s$, les indices "V" et "W" deviennent "d" et "q".

Dans tous nos travaux, nous nous intéressons à une orientation du repère (*V-W*) suivant le champ tournant (*d-q*). Dans ce cas les équations de la GADA sont représentées par :

$$V_{ds} = R_s \cdot i_{ds} + \frac{d}{dt} \Psi_{ds} - \omega_s \cdot \Psi_{qs} \qquad \text{(II.34)}$$

$$V_{qs} = R_s \cdot i_{qs} + \frac{d}{dt} \Psi_{qs} + \omega_s \cdot \Psi_{ds} \qquad \text{(II.35)}$$

$$V_{dr} = R_r \cdot i_{dr} + \frac{d}{dt} \Psi_{dr} - \omega_r \cdot \Psi_{qr} \qquad \text{(II.36)}$$

$$V_{qr} = R_r \cdot i_{qr} + \frac{d}{dt} \Psi_{qr} + \omega_r \cdot \Psi_{dr} \qquad \text{(II.37)}$$

Les composantes des flux statoriques et rotoriques sont données par :

$$\Psi_{ds} = L_s \cdot i_{ds} + M \cdot i_{dr} \qquad \text{(II.38)}$$

$$\Psi_{qs} = L_s \cdot i_{qs} + M \cdot i_{qr} \qquad \text{(II.39)}$$

$$\Psi_{dr} = L_r \cdot i_{dr} + M \cdot i_{ds} \qquad \text{(II.40)}$$

$$\Psi_{qr} = L_s \cdot i_{qs} + M \cdot i_{qr} \qquad \text{(II.41)}$$

avec: $\omega_r = \omega_s - \omega$, et $\omega = p.\Omega$

L'équation du couple sera donc :

$$C_e = p \cdot \frac{M}{L_s} (\Psi_{qs} \cdot i_{dr} - \Psi_{ds} \cdot i_{qr}) \qquad \text{(II.42)}$$

Les puissances active et réactive statoriques sont représentées par :

$$\begin{aligned} P_s &= \frac{3}{2} (V_{ds} i_{ds} + V_{qs} i_{qs}) \\ Q_s &= \frac{3}{2} (V_{qs} i_{ds} - V_{ds} i_{qs}) \end{aligned} \qquad \text{(II.43)}$$

Pour la machine asynchrone à double alimentation les variables de contrôle sont les tensions statoriques et rotoriques. En considérant les flux statoriques et les courant rotoriques comme des vecteurs d'état, alors le modèle de la GADA est décrit par l'équation d'état suivante :

$$\frac{dx}{dt} = Ax + Bu \qquad \text{(II.44)}$$

Où : $x = \begin{bmatrix} i_{dr} & i_{qr} & \Psi_{ds} & \Psi_{qs} \end{bmatrix}^T$; $u = \begin{bmatrix} V_{ds} & V_{qs} & V_{dr} & V_{qr} \end{bmatrix}^T$

avec :

$$A = \begin{bmatrix} -\gamma_r & \omega_r & \alpha_s\beta & -\beta p\omega \\ \omega_r & -\gamma_r & \beta p\omega & \alpha_s\beta \\ \alpha_s M & 0 & -\alpha_s & \omega_s \\ 0 & \alpha_s M & \omega_s & -\alpha_s \end{bmatrix} ; \quad B = \begin{bmatrix} -\beta & 0 & 1/\sigma_r & 0 \\ 0 & -\beta & 0 & 1/\sigma_r \\ 1 & 0 & 0 & 0 \\ 0 & 1 & 0 & 0 \end{bmatrix} \quad \text{(II.45)}$$

Ou bien :

$$\frac{d\Psi_{ds}}{dt} = -\alpha_s\Psi_{ds} + \omega_s\Psi_{qs} + \alpha_s M i_{dr} + V_{ds} \quad \text{(II.46)}$$

$$\frac{d\Psi_{qs}}{dt} = -\alpha_s\Psi_{qs} - \omega_s\Psi_{ds} + \alpha_s M i_{qr} + V_{qs} \quad \text{(II.47)}$$

$$\frac{di_{dr}}{dt} = -\gamma_r i_{dr} + \omega_r i_{qr} + \alpha_s\beta\Psi_{ds} - \beta p\omega\Psi_{qs} - \beta V_{ds} + \frac{1}{\sigma_r}V_{dr} \quad \text{(II.48)}$$

$$\frac{di_{qr}}{dt} = -\gamma_r i_{qr} - \omega_r i_{dr} + \alpha_s\beta\Psi_{qs} + \beta p\omega\Psi_{ds} - \beta V_{qs} + \frac{1}{\sigma_r}V_{qr} \quad \text{(II.49)}$$

Avec :

$\alpha_s = R_s/L_s$; $\sigma_r = L_r(1-M^2/L_sL_r)$; $\beta = M/(L_s.\sigma_r)$; $\gamma_r = R_r/\sigma_r + (R_s M^2)/L_s^2\sigma_r$; $\mu = 3M/2L_s$.

p : nombre de paires de pôles.

II.6. Principe de la commande vectorielle de la GADA :

Dans la commande vectorielle, la GADA est contrôlée d'une façon analogue à la machine à courant continu à excitation séparée. Dans tous nos travaux, nous nous intéressons à une commande en tension avec orientation du repère (d-q) suivant la tension statorique V_s.

C'est-à-dire que le référentiel (d-q) lié au champ tournant est choisi de telle façon que l'axe d coïncide avec la direction de la tension V_{ds}, ($V_{qs}=0$).

Pour que l'orientation de la tension statorique soit équivalente à l'orientation du flux statorique, il faut que le facteur de puissance soit unitaire en régime permanent du côté statorique. La figure (II.2) illustre le diagramme de contrôle du facteur de puissance, [9].

Pour cette condition, il suffit d'imposer la composante en quadrature du courant statorique nulle ($i_{qs} = 0$).

Aussi Ψ_s est aligné suivant l'axe q, lié au champ tournant, C'est-à-dire ($\Psi_{ds}=0$). Et la composante $\Psi_{qs}= \Psi^*$. Donc c'est une orientation du flux statorique suivant l'axe q, [8-14].

Le couple électromagnétique de référence C_e^* est imposé négatif (mode générateur), donc le flux de référence est une fonction de ce couple de référence.

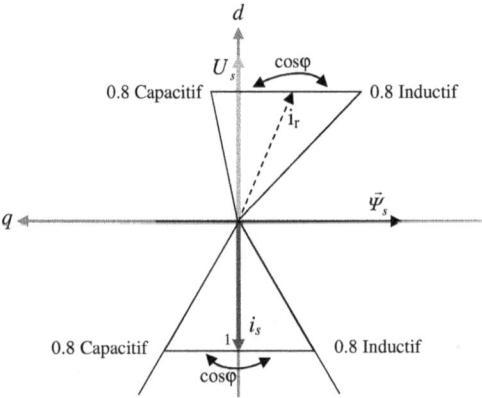

Fig. II.2. Diagramme de contrôle du facteur de puissance

Le principe d'orientation de la tension et du flux statoriques est illustré dans la figure (II.3).

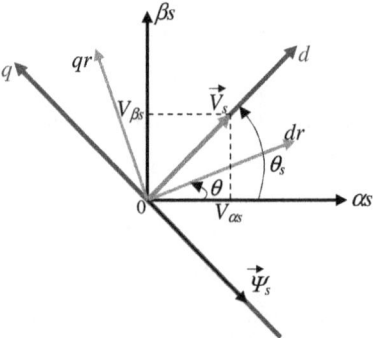

Fig. II.3. Orientation de la tension et du flux statoriques

L'expression du couple électromagnétique peut être écrite sous la forme :

$$C_e^* = \mu \Psi_{qs}^* \cdot i_{dr}^* \qquad (\text{II.50})$$

De cette équation, on peut tirer la composante direct du courant rotorique de référence comme suit :

$$i_{dr}^* = \frac{C_e^*}{\mu \Psi_{qs}^*} \qquad (\text{II.51})$$

En remplaçant cette valeur de i_{dr}^* dans l'équation (II.46), et après l'orientation du flux statorique nous arrivons à :

$$\omega_s \Psi^* = -V_{ds} - \alpha_s M \frac{Ce^*}{\mu \Psi^*} \qquad (\text{II.52})$$

C'est une équation de deuxième degré, sa solution donne le flux de référence suivant, [15-16] :

$$\Psi^* = \frac{-V_{ds} - \left(V_{ds}^2 - 4(2/3)\omega_s R_s Ce^*\right)}{2\omega_s} \qquad (\text{II.53})$$

avec : $V_{ds} = V_s = U_m$.

Remplaçant (II.53) dans l'équation (II.47) nous trouvons :

$$i_{qr}^* = \frac{1}{\alpha_s M}\left(\alpha_s \Psi^* + \dot{\Psi}^*\right) \qquad (\text{II.54})$$

Si nous tenons compte du fait que la *GADA* est alimentée par un onduleur de tension au rotor et le stator connecté au réseau, les régulateurs de courants rotoriques fournirent les tensions rotoriques de référence qui sont exprimées sous la forme :

$$V_{dr}^* = \left(V_{dr}^c + V_{dr}^r + \beta \omega \Psi^* + \beta V_{ds}\right)/\sigma_r \qquad (\text{II.55})$$

$$V_{qr}^* = \left(V_{qr}^c + V_{qr}^r - \beta \alpha_s \Psi^*\right)/\sigma_r \qquad (\text{II.56})$$

avec : V_{rd}^c, V_{rq}^c : tensions de compensation;

V_{rd}^r, V_{rq}^r : tensions à la sortie du régulateur.

Le couplage qui existe entre les deux axes est éliminé en général par une méthode de compensation classique. Celle-ci consiste à faire la régulation des courants en négligeant les termes de couplage; ces derniers seront rajoutés à la sortie des

34

régulateurs des courants rotoriques afin d'obtenir les tensions de référence qui devront attaquer l'onduleur de tension.

Les termes de couplage sont définis de telle sorte que les tensions restent en relation de premier ordre avec les composantes des courants, donc :

$$V_{dr}^c = -\omega_r i_{qr} \tag{II.57}$$

$$V_{qr}^c = +\omega_r i_{dr} \tag{II.58}$$

Les sorties des régulateurs sont :

$$V_{dr}^r = \gamma_r i_{dr}^* + \frac{di_{dr}^*}{dt} \tag{II.59}$$

$$V_{qr}^r = \gamma_r i_{qr}^* + \frac{di_{qr}^*}{dt} \tag{II.60}$$

Le schéma de commande complet est illustré dans la figure (II.4) :

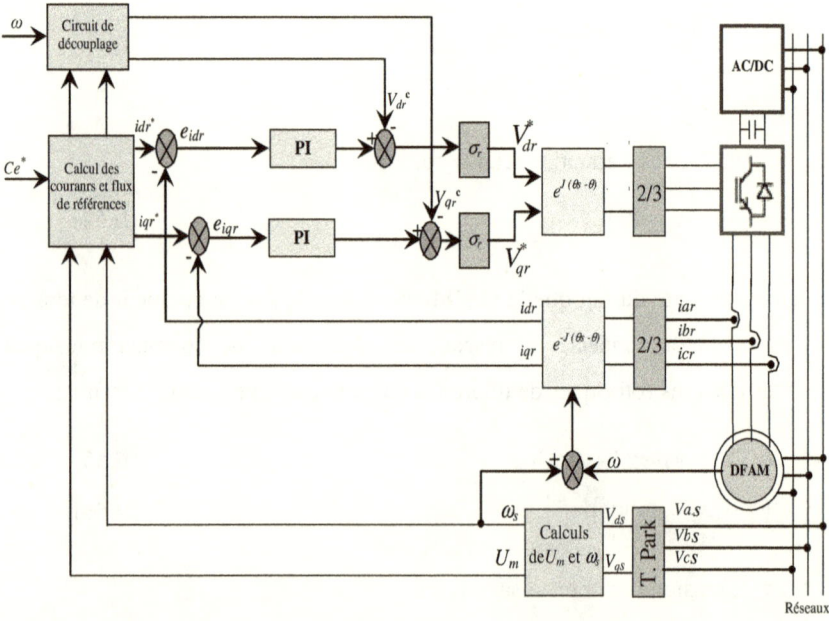

Fig. II.4. Schéma bloc global de la commande vectorielle de la *GADA*

II.7. Alimentation de la *GADA* :

Le long de tout notre travail, les différentes structures de commande sont constituées de l'association d'une machine asynchrone à double alimentation avec un onduleur de tension. La tension de sortie de ce dernier est contrôlée par une technique de modulation de largeur d'impulsion (MLI). L'association redresseur-filtre-onduleur de tension est représentée dans la figure (II.5).

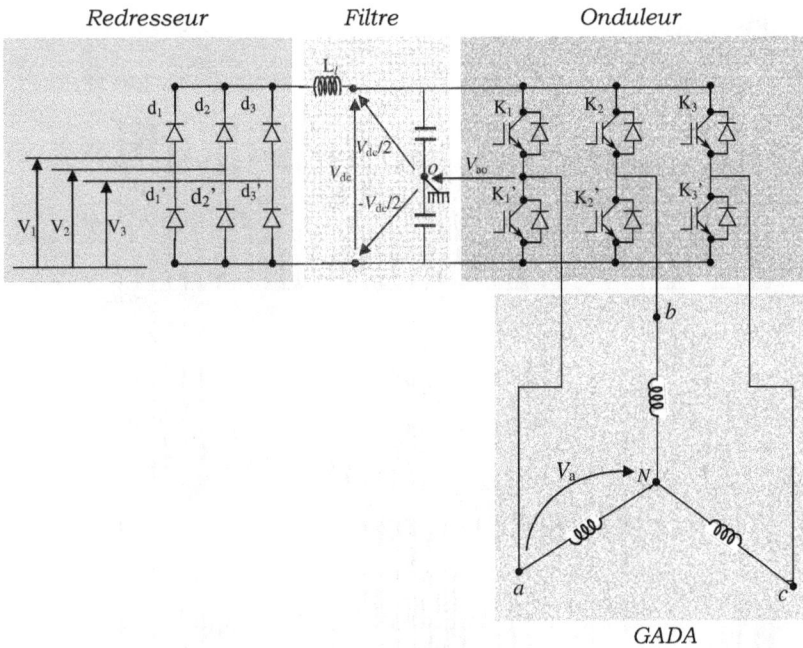

Fig. II.5. Association redresseur-filtre-onduleur
de tension à MLI

Les machines électriques sont alimentées par l'intermédiaire des convertisseurs électroniques de puissance (Fig. II.5). L'onduleur de tension avec onde porteuse est utilisé pour la commande vectorielle des machines électriques.

Le bloc de commande du convertisseur reçoit les tensions de référence pour les trois phases. Ces tensions sont comparées avec un signal dents de scie, et en fonction du signal d'erreur, on commande les semi-conducteurs de l'onduleur. Le mode de fonctionnement est très simple :

• si $V_{ref} > V_p$ - le transistor supérieur du bras de pont conduit,

• si $V_{ref} < V_p$ - le transistor inférieur du bras de pont conduit.

où V_{ref} représente une des trois tensions de référence et V_p représente le signal dents de scie ou l'onde porteuse.

Ce type de commande est appelé *commande par modulation de largeur d'impulsion (MLI)* ou (PWM en anglais).

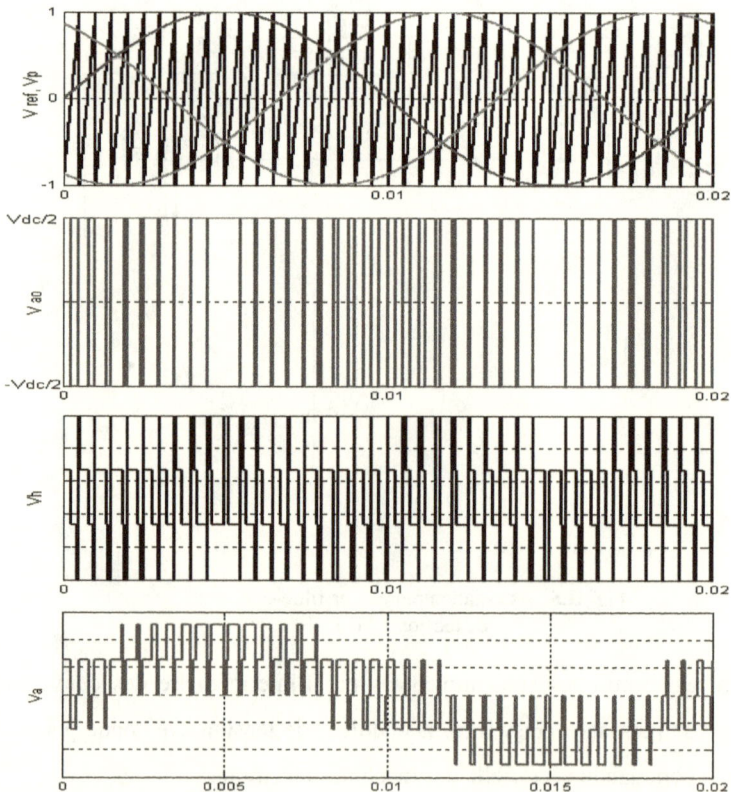

Fig. II.6. Principe de la commande MLI et enveloppes de tensions

La Figure (II.6) représente le principe de la commande MLI et quelques enveloppes des tensions. Sur cette figure, V_h est la tension homopolaire qui peut s'exprimer par :

$$V_h = V_{No} = \frac{1}{3}(V_{ao} + V_{bo} + V_{co})$$ (II.61)

La commande MLI présente l'avantage d'une fréquence constante de commutation, qui est fixée par la fréquence de l'onde porteuse. Le schéma Simulink pour ce type d'onduleur est présenté dans la Figure (II.7).

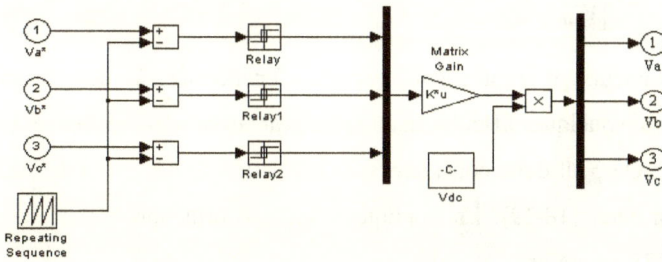

Fig. II.7. Onduleur de tension avec onde porteuse

La *GADA* et le réseau électrique sont des systèmes continus, mais le convertisseur électronique est un système discret. Comme on le voit dans la figure (II.7), le schéma Simulink du convertisseur est assez compliqué et il s'avère gourmand en temps de calcul, surtout à cause des relais,[17].

Dans ce travail, le rapport de modulation est égal à 1, et la fréquence de la porteuse est égale 2 KHz.

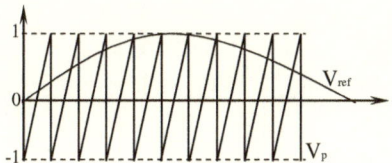

Fig. II.8. Explication pour l'obtention du modèle continu équivalent du convertisseur

38

Dans la Figure (II.8) on voit que l'amplitude de V_p est unitaire. L'amplitude de l'onde de référence V_{ref} (ou l'onde modulatrice) peut prendre des valeurs comprises entre [0,1]. Sachant que les tensions polaires de l'onduleur peuvent prendre seulement deux valeurs qui sont différentes de zéro ($\pm V_{dc}/2$) et en supposant que la fréquence de l'onde porteuse est infinie, on peut écrire la relation suivante entre les composantes utiles des tensions polaires et les signaux de référence :

$$\begin{bmatrix} V_{ao} \\ V_{bo} \\ V_{co} \end{bmatrix} = \frac{V_{dc}}{2} \cdot \begin{bmatrix} V_{aref} \\ V_{bref} \\ V_{cref} \end{bmatrix} \qquad \text{(II.62)}$$

Les convertisseurs d'aujourd'hui peuvent fonctionner à des fréquences de commutation de quelques kHz, beaucoup plus grandes que les fréquences des signaux de référence. On peut donc considérer que la relation (II.62) est vraie aussi pour un convertisseur réel, [18-19]. En appliquant la transformation directe de Park à la relation (II.62), on obtient :

$$\begin{bmatrix} V_d \\ V_q \end{bmatrix} = \frac{V_{dc}}{2} \cdot \begin{bmatrix} V_{dref} \\ V_{qref} \end{bmatrix} \qquad \text{(II.63)}$$

Pour déterminer l'évolution de la tension V_{dc} du bus continu, il est nécessaire de déterminer le courant circulant dans le condensateur du bus continu (Fig. II.5). Ce courant dépend des courants introduits dans le bus continu. Ces courants peuvent être déterminés à partir du bilan de puissances aux deux extrémités du convertisseur. Pour le convertisseur de la Figure (II.5), on peut écrire :

$$V_{dc} \cdot i_{dc} = V_a \cdot i_a + V_b \cdot i_b + V_c \cdot i_c = \frac{V_{dc}}{2}\left(V_{aref} \cdot i_a + V_{bref} \cdot i_b + V_{cref} \cdot i_c\right) \qquad \text{(II.64)}$$

Ou :

$$V_{dc} \cdot i_{dc} = V_d \cdot i_d + V_q \cdot i_q = \frac{V_{dc}}{2}\left(V_{dref} \cdot i_d + V_{qref} \cdot i_q\right) \qquad \text{(II.65)}$$

A partir de (II.65), on déduit facilement :

$$i_{dc} = \frac{1}{2}\left(V_{dref} \cdot i_d + V_{qref} \cdot i_q\right) \qquad \text{(II.66)}$$

II.8. Calcul des régulateurs des courants rotoriques :

En supposant que le découplage est réalisé, on aura :

$$\frac{i_{dr}^*(s)}{V_{dr}^*(s)} = \frac{1}{\gamma_r + s} \qquad (\text{II.67})$$

La boucle de régulation du courant i_{dr}^* est représentée par le schéma bloc de la figure (II.9) :

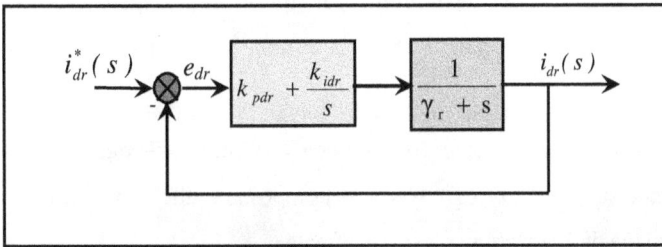

Fig. II.9. Schéma fonctionnel de régulation du courant i_{dr}

La fonction de transfert en boucle fermée (BF) est la suivante :

$$\frac{i_{dr}(s)}{i_{dr}^*(s)} = \frac{k_{pdr} \cdot s + k_{idr}}{s^2 + (\gamma_r + k_{pdr}).s + k_i} \qquad (\text{II.68})$$

Pour que le système en BF puisse avoir un comportement d'un système du premier ordre dont la fonction de transfert est $\dfrac{1}{1+\tau.s}$; Il faut que :

$$\frac{k_{pdr} \cdot s + k_{idr}}{s^2 + (\gamma_r + k_{pdr}).s + k_{idr}} = \frac{1}{1+\tau.s}$$

Après simplification on aura :

$$k_{pdr} = \frac{1}{\tau}, \; k_{idr} = \frac{\gamma_r}{\tau} \, .$$

Avec : $\tau < \tau_e$

τ_e : la constante de temps électrique du système.

Dans notre cas $\tau_e = L_r/R_r = 0.03$ s.

Nous avons choisi $\tau = 0.002$ s, pour avoir une dynamique du processus plus rapide. L'application numérique nous donne : $k_{pdr} = 500$, $k_{idr} = 62040$.

Pour déterminer les deux coefficients k_{pqr}, k_{iqr}, il sera procédé de la même façon que pour le courant i_{dr}, $k_{pqr} = 500$, $k_{iqr} = 62040$.

II.9. Résultats de simulations :

Les résultats de simulation reportés sur les figures (II.10-II.23), concernent une machine asynchrone à double alimentation entraînée à une vitesse de 92 rd/s, avec une application d'un couple de référence de forme trapézoïdale qui commence à l'instant t = 0.2 s, après une valeur zéro et qui tient la valeur -10 Nm à l'instant t = 0.3 s.

Nous pouvons constater à partir des figures (II.16) et (II.17) que le flux statorique suit sa référence suivant l'axe (q) avec une composante directe nulle, ce qui signifie que le découplage de la machine n'est pas affecté.

Les figures (II.14), (II.15) montre que les performances de poursuite des courants rotoriques sont satisfaisantes; cependant on remarque un dépassement au régime transitoire (au démarrage et au changement de consigne), ce qui signifie que le régulateur PI ne maîtrise pas le régime transitoire.

La figure (II.20) montre que la puissance active du côté du stator est négative ce qui signifie que le réseau dans ce cas est un récepteur d'énergie fournie par la GADA.

La puissance réactive est toujours nulle, c'est une condition de fonctionnement de la GADA pour avoir un facteur de puissance unitaire figure (II.21).

La figure (II.23) montre que la tension de phase statorique est en opposition avec le courant de phase statorique.

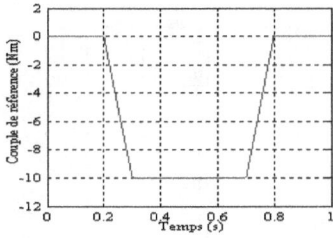

Fig. II.10. Couple de référence

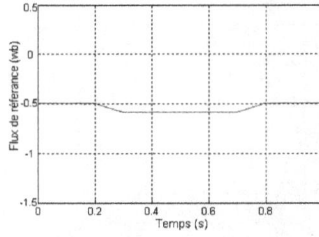

Fig. II.11. Flux de référence

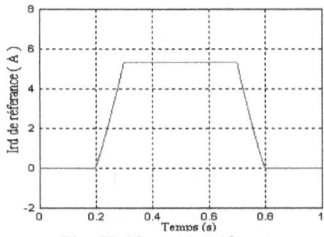

Fig. II.12. I_{rd} de référence

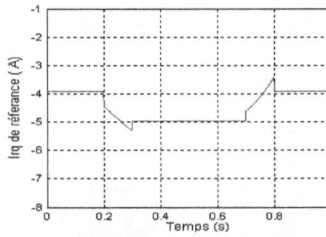

Fig. II.13. I_{rq} de référence

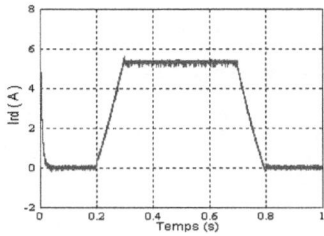

Fig. II.14. Courant rotorique I_{rd}

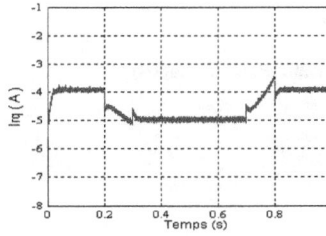

Fig. II.15. Courant rotorique I_{rq}

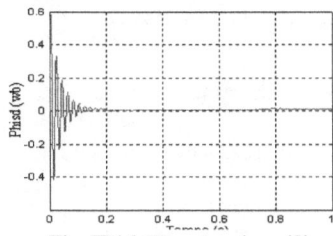

Fig. II.16. Flux statorique Ψ_{sd}

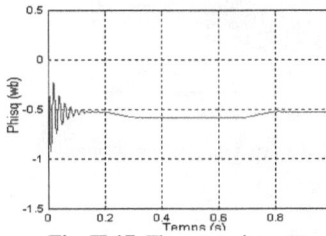

Fig. II.17. Flux statorique Ψ_{sq}

42

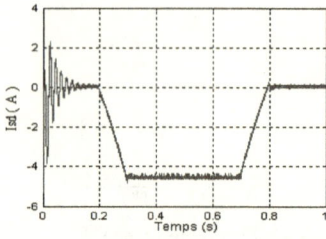

Fig. II.18. Courant statorique I_{sd}

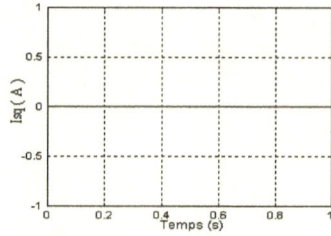

Fig. II.19. Courant statorique I_{sq}

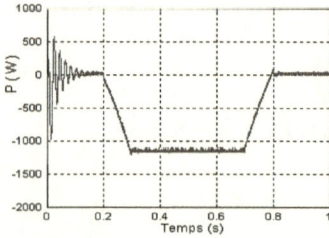

Fig. II.20. Puissance active P

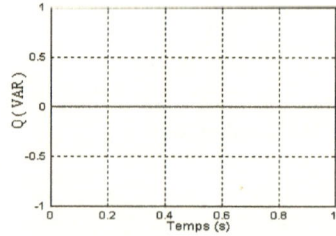

Fig. II.21. Puissance réactive Q

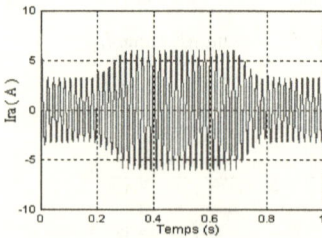

Fig. II.22. Courant de phase rotorique.

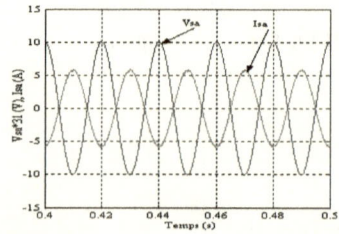

Fig. II.23. Tension et courant statoriques

43

II.10. Tests de robustesse :

Dans le but de tester la robustesse de la commande par les régulateurs PI, nous avons également étudié l'influence de la variation de la résistance rotorique, inductance et mutuelle sur le découplage entre le flux et le couple. Pour cela nous avons simulé le système pour une augmentation de 50% de la résistance rotorique (R_r) introduite à t = 0.5s, aussi une diminution de 25% des inductances propres et mutuelle (L_r, L_s et M) introduite à t = 0.5s. Les figures (II.24-II.39) illustrent les résultats du test de simulation.

A partir des résultats obtenus, nous pouvons conclure que la commande par les régulateurs PI présente une faible robustesse dans le cas de variations paramétriques de la machine. La dynamique de poursuite de la consigne est affectée par la variation paramétrique introduite sur le système, (dépassement de 0.7 Ampère avec un temps de réponse de 0.02 s, figure (II.29)).

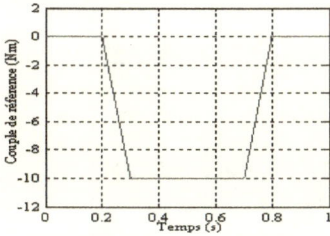

Fig. II.24. Couple de référence

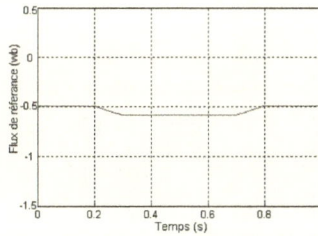

Fig. II.25. Flux de référence

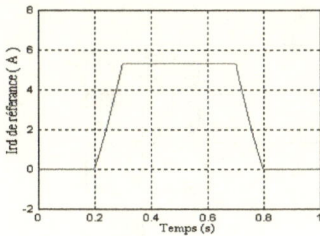

Fig. II.26. I_{rd} de référence

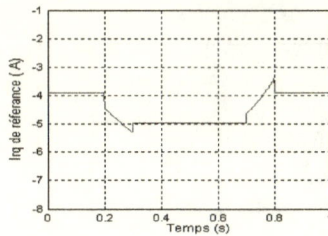

Fig. II.27. I_{rq} de référence

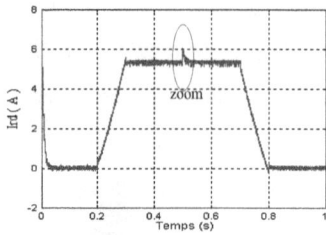

Fig. II.28. Courant rotorique I_{rd}

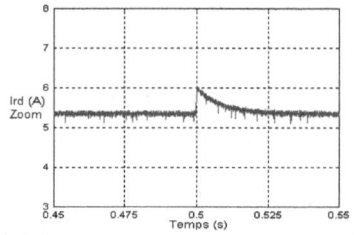

Fig. II.29. Zoom de courant rotorique I_{rd}

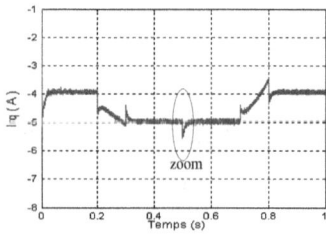

Fig. II.30. Courant rotorique I_{rq}

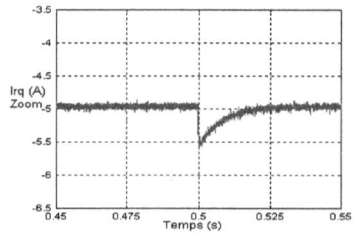

Fig. II.31. Zoom de courant rotorique I_{rq}

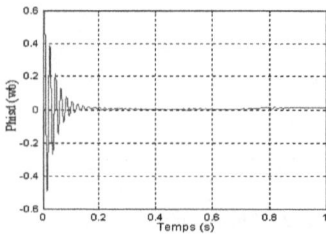

Fig. II.32. Flux statorique Ψ_{sd}

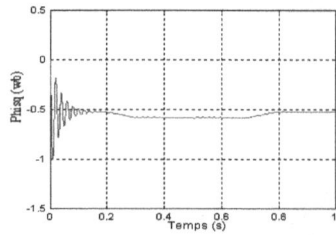

Fig. II.33. Flux statorique Ψ_{sq}

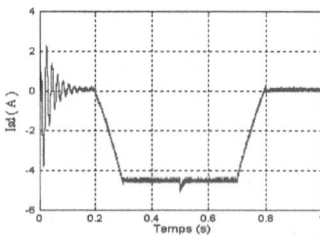

Fig. II.34. Courant statorique I_{sd}

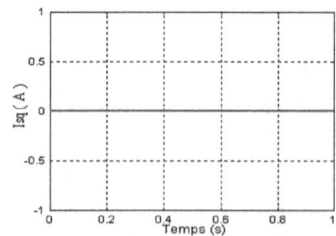

Fig. II.35. Courant statorique I_{sq}

45

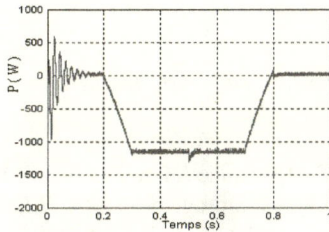

Fig. II.36. Puissance active P

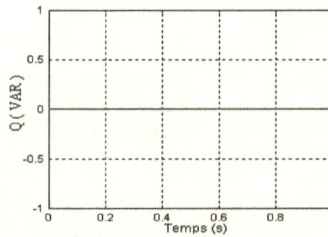

Fig. II.37. Puissance réactive Q

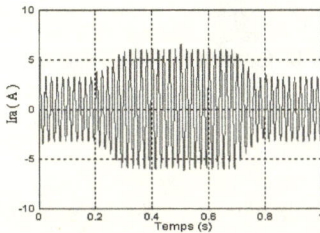

Fig. II.38. Courant de phase rotorique

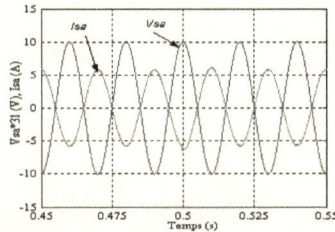

Fig. II.39. Tension et courant statoriques

II.11. Conclusion :

Dans ce chapitre, la modélisation et la commande vectorielle ont été exposées. La méthode du flux orienté appliquée depuis quelques années à la machine asynchrone à double alimentation reste la méthode la plus répondue. En effet, celle-ci nous permet non seulement de simplifier le modèle de la machine mais aussi de découpler la régulation du couple et celle du flux.

La commande vectorielle de la GADA que nous avons développé présente une poursuite satisfaisante de la référence. Il faut signaler que le régulateur PI ne permet pas dans tous les cas de maîtriser les régimes transitoires, et en générale, les variations paramétriques de la machine.

Cependant, il existe des commandes modernes qui s'adaptent mieux avec ces exigences et qui sont moins sensibles et robustes. Notre prochain chapitre est consacré à l'une de ces commandes qui occupe une large place dans la littérature de la commande des systèmes : c'est *la commande par logique flou*.

46

II.12. Références bibliographiques :

[1] Bose B. K, "Power Electronics and AC Drives", *Prentice Hall,* Englewood Cliffs, New Jersey, 1987.

[2] Hirofumi A. and Hikaru S., "Control and Performance of a Doubly-Fed Induction Machine Intended for a Flywheel Energy Storage System", *IEEE Transactions on Power Electronics*, vol.17, N°:1, pp.109-116, January 2002.

[3] Leonhard W., "Control Electrical", Springier verlag Berlin Heidelberg printed in Germany, 1985.

[4] Drid. S, "Contribution à la Modélisation et à la Commande Robuste d'une Machine à Induction Double Alimentée à Flux Orienté avec Optimisation de la Structure d'Alimentation," thèse de doctorat en sciences de l'université de Batna, 2005.

[5] Zidani. F, "Contribution au contrôle et au diagnostique de la machine asynchrone par la logique floue", thèse de doctorat, Batna, 2002.

[6] R. Abdessemed et M. Kadjouj, "Modélisation des machines électriques", Presse de l'université de Batna, 1997.

[7] Khelfa. S, "Commande vectorielle d'une machine à induction ; impacts de la saturation de la machine et la modulation du convertisseur", thèse de magister, Batna 2001.

[8] Poitiers. F, Machoum. M, Le Doeuff. R, zaim. M. E, "control of doubly fed induction generator for wind energy conversion systems", international journal of renewable energy engeneering, Vol. 3, N° 3, pp. 373-378, December 2001.

[9] Chaiba. A, R. Abdessemed, M. L. Bendaas and A. Dendouga, "Control of Torque and Unity stator Side Power Factor of the Doubly-Fed Induction Generator", Conférence sur le Génie Electrique *"CGE'04"*, l'Ecole militaire polytechnique, proc,12-13 avril, 2005.

[10] Chaiba. A, R. Abdessemed, and M. L. Bendaas, "A Torque Tracking Control Algorithm for Doubly-Fed Induction Generator ", Journal of Electrical Engineering Elektrotechnický èasopis, *JEEEC*, Vol.59, No.3, pp. 165-168, Slovakia, 2008.

[11] Tnani. S, "Contribution à l'étude et la commande de la machine généralisée", thèse de doctorat de l'université de Franch-Comté, octobre 1995.

[12] Yamamoto. M, Motoyoshi. O, "Active and reactive power control for doubly-fed wound rotor induction generator", *IEEE* transactions on power electronics, Vol. 6, N° 4, pp. 642-629, Octobre 1991.

[13] Hopfensperger. B, Atkinson. D. J, Lakin. R. A, "Stator-flux-oriented control of a doubly-fed induction machine with and without position encoder", *IEE* Proc. Electr. Power App., Vol. 147, N° 4, July 2000.

[14] Peresada. S, Tilli. A, and Tonielli. A, "Robust output feedback control of a doubly-fed induction machine", *IECON'99*. Conference Proceedings. 25th annul conference of the *IEEE* Industial Electronics Soxiety, pp. 1348-1354, 1999.

[15] Chaiba. A, R. Abdessemed, M. L. Bendaas and A. Dendouga, " Evaluation of the High Performance Vector Controlled Doubly-Fed Induction Generator (DFIG) ", 3rd Conference on Electrical Engineering, *CEE'04*, Batna University, proc. pp117-120, 04-06 October 2004.

[16] Chaiba. A, R. Abdessemed, M. L. Bendaas and A. Dendouga, "Performances of Torque Tracking Control for Doubly Fed Asynchronous Motor using PI and Fuzzy Logic Controllers", Journal of Electrical Engineering, *JEE,* Vol.5, N°2, pp. 25-30, Romania, 2005.

[17] Robyns. B, Nasser. M, Berthereau. F, Labrique. F, "Equivalent continuous dynamic model of a variable speed wind generator", *Proceedings of the 4th International Symposium on Advanced Electromechanical Motion Systems, ELECTROMOTION 2001*, Bologna, Italia, 2001.

[18] Labrique. F, H. Buyse, G. Séguier, R. Bausière, "Les convertisseurs de l'électronique de puissance, Commande et comportement dynamique", Tome 5, Technique et Documentation – *Lavoisier*, 1998.

[19] Hautier. J.P, Caron. J.P, "Convertisseurs statiques, méthodologie causale de modélisation et de commande", Edition *Technip*, 1999.

CHAPITRE III

COMMANDE PAR LA LOGIQUE

FLOUE DE LA GADA

III.1. Introduction :

La logique floue est une branche des mathématiques, basée sur la théorie des probabilités et des concepts flous. A ce titre, toute une série de notions fondamentales a été développée. Ces notions permettent de justifier et de démontrer certains principes de base de la logique floue.

Dans ce chapitre nous présentons les approches de conception d'un régulateur flou (RF). Les notions de base nécessaire à la compréhension de régulation floue seront rappelées. Nous synthétisons le choix possible pour les nombreux paramètres du contrôleur à logique flou (CLF) utilisé pour le réglage des courants rotoriques de la machine asynchrone à double alimentation.

III.2. principe de la logique floue :

La logique floue a été introduite en 1965 par le Professeur L. Zadeh. Elle permet de faire correspondre un degré de vérité (d'appartenance) à une variable qui peut être linguistique. Cette graduation dans l'appartenance d'un élément à une situation permet la modélisation de l'observation humaine exprimée sous forme linguistique, [1-4].

À partir des années 70 cette théorie a été appliquée à la commande des systèmes,[5-6]. Ces travaux permettaient de mettre en œuvre des commandes de façon heuristique. Dans les années 80 la communauté des automaticiens a commencé à bâtir une théorie de mise en œuvre de commande floue où l'étude de la stabilité a été introduite de façon systématique.

III.3. Variables linguistiques :

La description d'une certaine situation imprécise ou incertaine peut contenir des expressions floues comme par exemple: très grand, grand, moyen, petit. Ces expressions forment les valeurs d'une variable x, appelée "linguistique", soumise à des fonctions appelées fonctions d'appartenance, [7-8].

III.4. Fonctions d'appartenance :

La variable x varie dans un domaine appelé univers de discours, ce dernier est partagé en sous-ensembles flous de façon que dans chaque zone il y ait une situation dominante. Ces zones sont décrites par des fonctions convexes, généralement sous forme triangulaire ou trapézoïdale, elles admettent comme argument la position de la variable x dans l'univers de discours, et comme sortie le degré d'appartenance de x à la situation décrite par la fonction; notée :

$\mu_E(x)$: degré d'appartenance de x au sous ensemble E .

Le choix de la répartition des fonctions, leurs chevauchements ainsi que leurs formes doit être judicieux comme indiqué dans [7]. La figure (III.1) donne quelques fonctions d'appartenance.

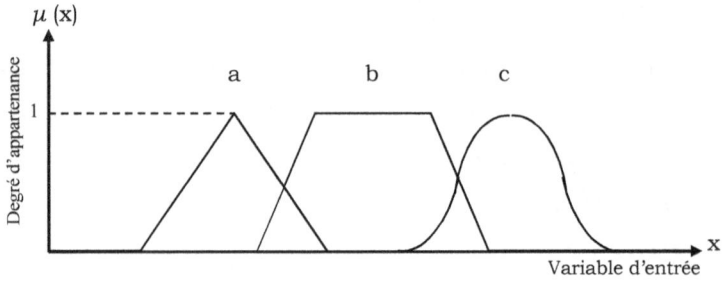

Fig. III.1. Exemple de fonctions d'appartenance.
a) Fonction triangulaire.
b) Fonction trapézoïdale.
c) Fonction gaussienne.

III.5. Structure de base d'un contrôleur flou :

Le schéma synoptique général d'un contrôleur flou est représenté dans la figure (III.2), [4-5], [9-10] :

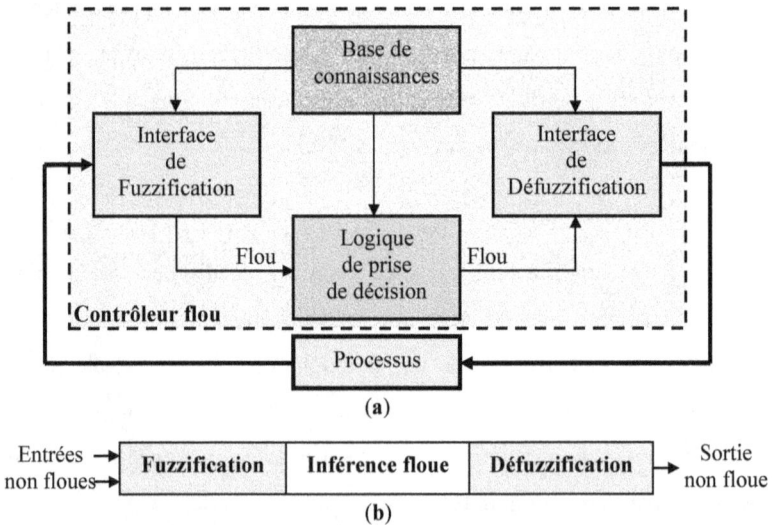

Fig. III.2. **a)** : Schéma synoptique d'un contrôleur flou
b) : configuration d'un contrôleur flou.

III.5.1. Base de connaissances :

La base de connaissance comprend une connaissance du domaine d'application et les buts du contrôle prévu. Elle est composée :

51

1. D'une base de données fournissant les informations nécessaires pour les fonctions de normalisation, [11].

2. La base de règle constitue un ensemble d'expressions linguistiques structurées autour d'une connaissance d'expert, et représentée sous forme de règles: *Si < condition > Alors < conséquence >*.

II.5.2. Fuzzification :

La fuzzification est l'opération qui consiste à affecter pour chaque entrée physique, un degré d'appartenance à chaque sous-ensemble flou. En d'autres termes c'est l'opération qui permet le passage du numérique (grandeurs physiques) au symbolique (variables floues).

Pour illustrer le mécanisme de la fuzzification, nous allons donné un exemple en fixant comme valeur d'entrée e_k = 0.45. Le résultat de la fuzzification sera présenté sur la figure (III.3). On remarque que pour cette erreur correspond les ensembles flous PP et PM avec les degrés d'appartenances $\mu_{PP}(e_k)$ = 0.75 et $\mu_{PM}(e_k)$ = 0.25.

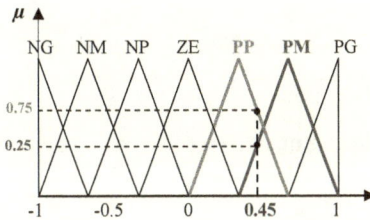

Fig. III.3. Exemple de fuzzification

III.5.3. Règles d'inférence floue :

Les règles d'inférence peuvent être décrites de plusieurs façons, linguistiquement, symboliquement ou bien par matrice d'inférence, dans ce dernier cas, une matrice dite d'inférence rassemble toutes les règles d'inférence sous forme d'un tableau. Dans le cas d'un tableau à deux dimensions, les entrées du tableau représentent les ensembles flous des variables d'entrées, [12-13]. L'intersection d'une colonne et d'une ligne donne l'ensemble flou de la variable de sortie définie par la règle, le tableau III.1 présente la matrice d'inférence à sept règles.

Les trois méthodes d'inférence les plus usuelles sont : Max-Produit, somme-produit et Max-Min (Implication de Mamdani),[14], cette dernière méthode la plus utilisée à cause de sa simplicité, elle réalise l'opérateur "ET" par la fonction "Min", la conclusion "ALORS" de chaque règle par la fonction "Min" et la liaison entre toutes les règles (opérateur "OU") par la fonction Max, [15-16].

Δe \ e	NG	NM	NP	ZE	PP	PM	PG
NG	NG	NG	NG	NG	NM	NP	ZE
NM	NG	NG	NG	NM	NP	ZE	PP
NP	NG	NG	NM	NP	ZE	PP	PM
ZE	NG	NM	NP	ZE	PP	PM	PG
PP	NM	NP	ZE	PP	PM	PG	PG
PM	NP	ZE	PP	PM	PG	PG	PG
PG	ZE	PP	PM	PG	PG	PG	PG

Tableau. III.1. Matrice d'inférence

III.5.4. Défuzzification :

Plusieurs stratégies de défuzzification existent. Les plus utilisées sont,[17]:

III.5.4.1. Méthode du maximum :

Comme son nom l'indique, la commande en sortie est égale à la commande ayant la fonction d'appartenance maximale.

La méthode du maximum simple, rapide et facile mais elle introduit des ambiguïtés et une discontinuité de la sortie (par fois on trouve deux valeurs maximales).

III.5.4.2. Méthode de la moyenne des maxima :

Elle considère, comme valeur de sortie, la moyenne de toutes les valeurs pour lesquelles la fonction d'appartenance issue de l'inférence est maximale,[7].

III.5.4.3. Méthode du centre de gravité :

Cette méthode est la plus utilisé dans les contrôleurs flous. Elle génère l'abscisse du centre de gravité de l'espace flou comme commande de sortie, l'abscisse de centre de gravité Δu_n peut être déterminée à l'aide de la relation générale suivante :

$$\Delta u_n = \frac{\int x.\mu\ (x).dx}{\int \mu\ (x).dx} \qquad\qquad (III.1)$$

Nous nous somme intéressé à cette dernière méthode à cause de sa simplicité de calculs et sa sortie unique.

III.6. Développement du contrôleur flou :

III.6.1 Description du contrôleur :

Notre but est de contrôler les courants rotoriques d'une machine asynchrone à double alimentation (GADA). Le contrôleur développé utilise le schéma proposé par Mamdani. Ce schéma est représenté par la figure (III.4), il est composé:

- Des facteurs de normalisation associent à l'erreur e, à sa variation Δe et à la variation de la commande (Δu);
- D'un bloc de fuzzification de l'erreur et sa variation;
- Des règles de contrôle flou;
- La stratégie de commande est présentée par une matrice d'inférence du même type que celle présentée dans le tableau (III.1);
- D'un bloc de défuzzification utilisé pour convertir la variation de commande floue en valeur numérique;
- D'un intégrateur.

La sortie du régulateur est donnée par :

$$V_{rd}^r(k) = V_{rd}^r(k-1) + du(k) \qquad\qquad (III.2)$$

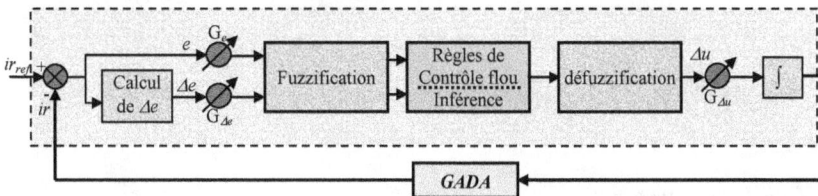

Fig. III.4. Schéma bloc d'un contrôleur flou.

Le contrôleur flou considéré utilise, [18]:

- Les fonctions d'appartenances triangulaires et trapézoïdales, ce choix est du à la simplicité de mise en œuvre;

- Un univers de discours normalisé;

- L'univers de discours est découpé en sept (réglage fin) pour les variables d'entrées et de sortie; une subdivision très fine de l'univers de discours sur plus de sept ensembles flous n'apporte en général aucune amélioration du comportement dynamique du système à réguler, [7].

- L'implication de Mamdani pour l'inférence;

- La méthode du centre de gravité pour la défuzzification;

La figure (III.5) représente les fonctions d'appartenance utilisées par le contrôleur.

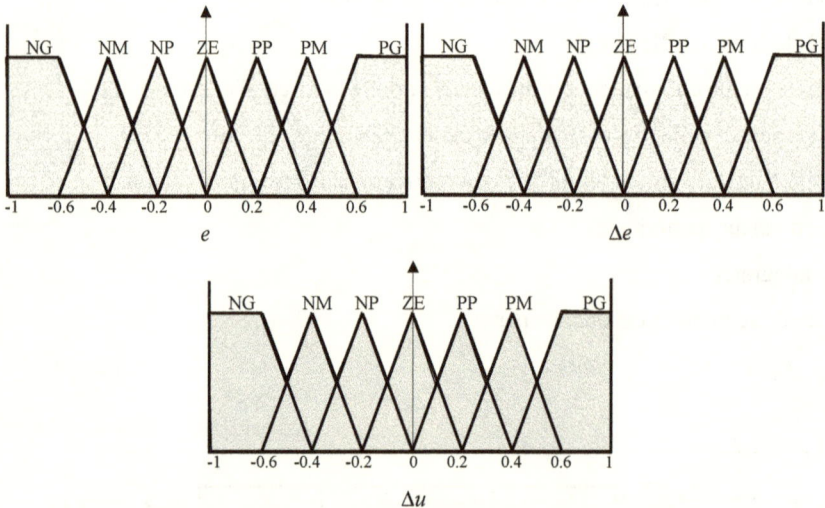

Fig. III.5. Fonctions d'appartenance utilisées par le contrôleur.

III.6.2. Loi de commande :

Cette loi est fonction de l'erreur et sa variation ($u = f(e, \Delta e)$). Elle est donnée par :

$$u_{k+1} = u_k + G_{\Delta u}. \Delta u_{k+1} \qquad \qquad \text{(III.2)}$$

Avec : $G_{\Delta u}$ le gain associé à la commande u_{k+1}

Δu_{k+1} : la variation de la commande.

L'erreur e et la variation de l'erreur Δe sont normalisées comme suit :

$$\begin{cases} x_e = G_e.e \\ x_{\Delta e} = G_{\Delta e}.\Delta e \end{cases}$$ (III.3)

Avec : G_e et $G_{\Delta e}$ sont les facteurs d'échelle (normalisation). Nous faisons varier ces facteurs jusqu'à ce qu'on puisse avoir un phénomène transitoire de réglage convenable. En effet, ce sont ces derniers qui fixeront les performances de la commande.

III.7. Réglage des courants rotoriques de la GADA :

Nous allons maintenant reprendre le même schéma de la commande vectorielle sauf que cette fois-ci les régulateurs de courants rotoriques sont des régulateurs flous (figure (III.6)).

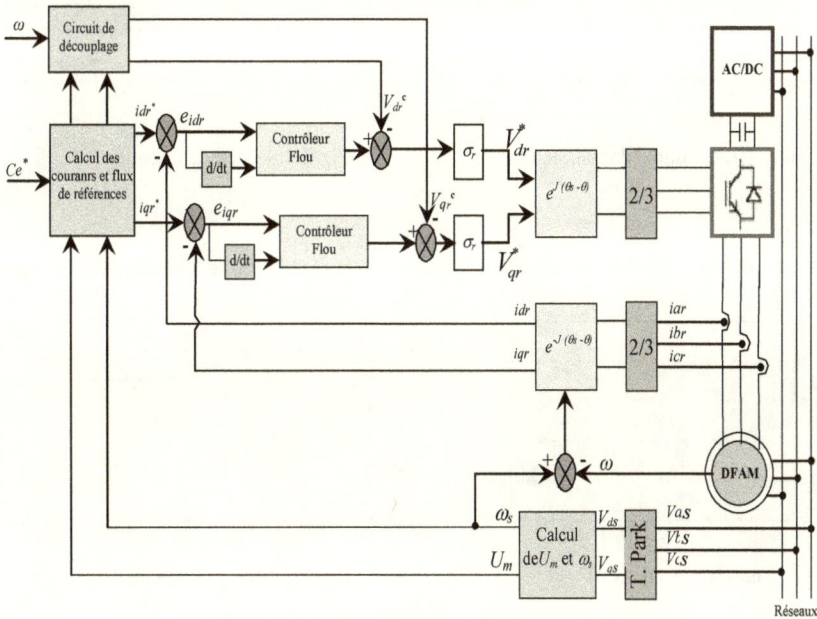

Fig. III.6. Schéma bloc global de la commande floue.

Les deux régulateurs de courant sont de même type (régulateur de type Mamdani à sept classes), et possèdent les mêmes fonctions d'appartenance. La différence réside seulement dans les gains de normalisation (facteurs d'échelle).

II.8. Résultats de simulation :

Les résultats de simulation reportés sur les figures (III.7-III.20), concernent l'entraînement de la GADA par une vitesse de 92 rd/s, l'application d'un couple de référence de forme trapézoïdale à l'instant t = 0.2 s d'une valeur de -10 Nm à l'instant t = 0.3 s.

Le régulateur PI est remplacé par un régulateur flou.

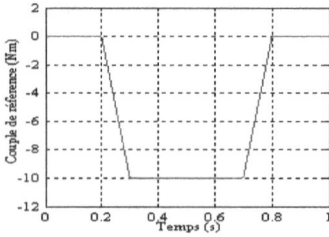

Fig. III.7. Couple de référence

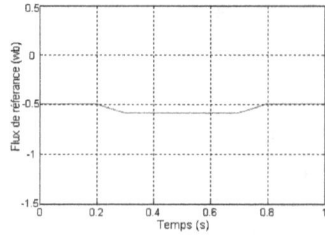

Fig. III.8. Flux de référence

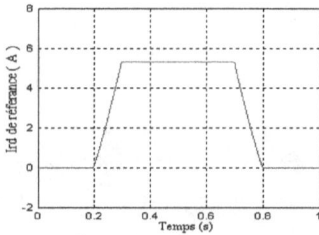

Fig. III.9. I_{rd} de référence

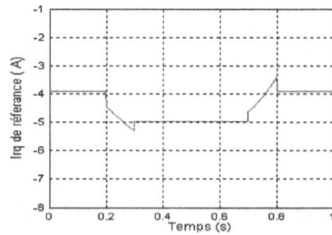

Fig. III.10. I_{rq} de référence

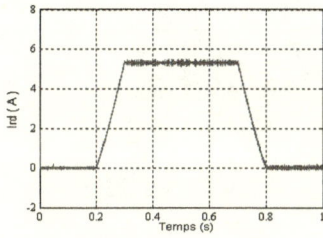

Fig. III.11. Courant rotorique I_{rd}

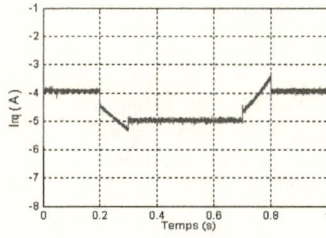

Fig. III.12. Courant rotorique I_{rq}

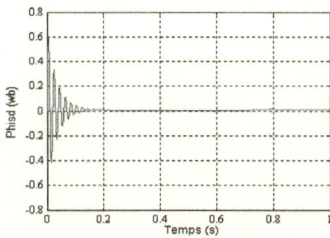

Fig. III.13. Flux statorique Ψ_{sd}

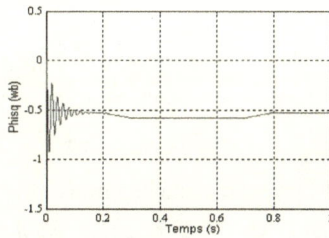

Fig. III.14. Flux statorique Ψ_{sq}

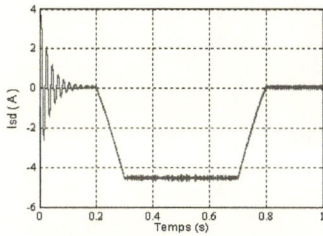

Fig. III.15. Courant statorique I_{sd}

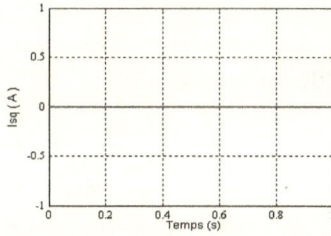

Fig. III.16. Courant statorique I_{sq}

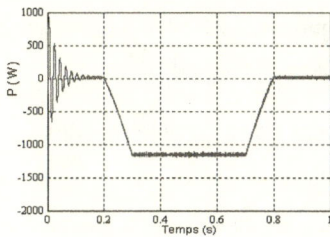

Fig. III.17. Puissance active P

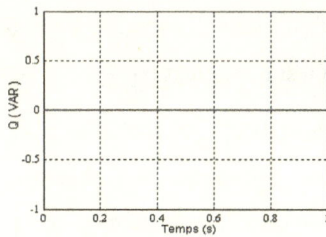

Fig. III.18. Puissance réactive Q

58

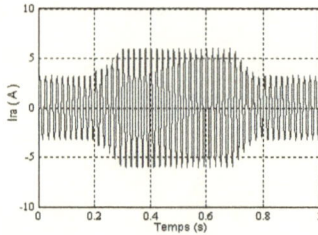

Fig. III.19. Courant de phase rotorique

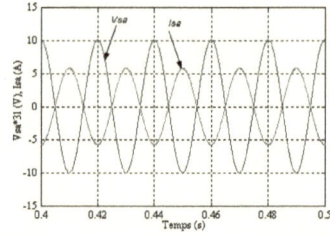

Fig. III.20. Tension et courant statoriques

A travers les figures (III.11) à (III.12), nous observons que les composantes directes et en quadrature des courants rotoriques suivent leurs valeurs de références, au vu de ces résultats, une meilleure poursuite du régulateur flou par rapport à celle du régulateur PI présentée au chapitre II.

Les régulateurs flous ne génèrent aucun dépassement, particulièrement au régime transitoire. Pour les autres performances, elles sont quasi similaires à celle du régulateur PI.

V.9. Tests de robustesse :

Pour les tests de robustesse de la commande par les régulateurs flous, nous avons étudié l'influence de la variation de la résistance rotorique, inductance propres et mutuelle sur les performances de la commande.

Nous avons simulé le système pour une augmentation de 50% de la résistance rotorique (R_r) introduite à t = 0.5s, aussi une diminution de 25% des inductances et mutuelle (L_r, L_s et M) introduite à t = 0.5s. Les figures (III.21-III.36) illustrent les résultats du test de simulation.

Les figures (III.25) à (III.28) montrent respectivement que ces variations paramétriques introduites à l'instant $t = 0.5s$ n'influent carrément pas sur les performances de la commande; aucun dépassement n'existe même en zoomant les réponses des courant rotoriques.

59

De ce qui précède, les résultats obtenus avec les tests de robustesse montrent la supériorité du régulateur flou utilisé par rapport au régulateur PI.

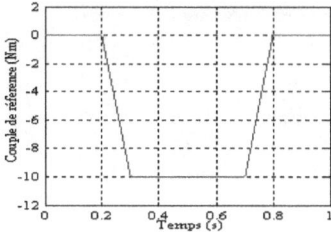

Fig. III.21. Couple de référence

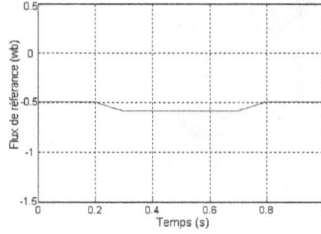

Fig. III.22. Flux de référence

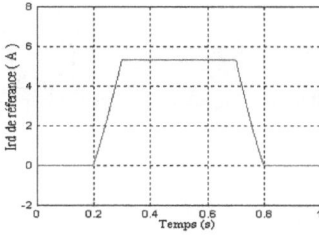

Fig. III.23. I_{rd} de référence

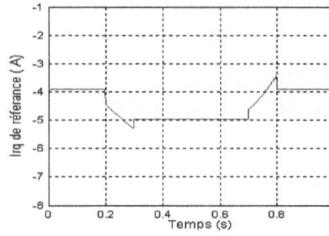

Fig. III.24. I_{rq} de référence

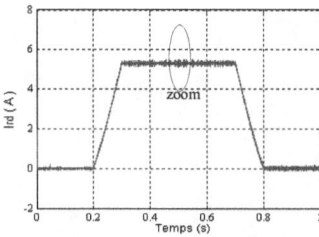

Fig. III.25. Courant rotorique I_{rd}

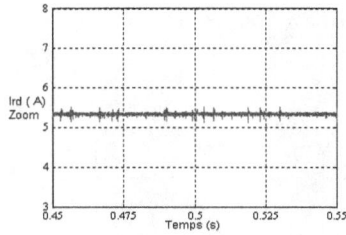

Fig. III.26. Zoom de courant rotorique I_{rd}

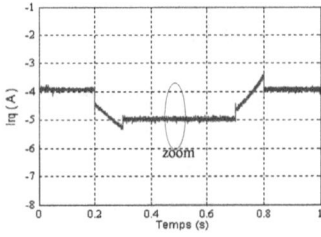

Fig. III.27. Courant rotorique I_{rq}

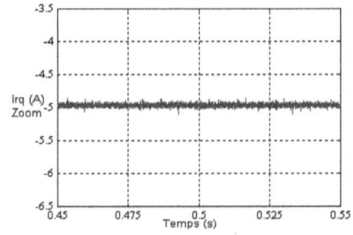

Fig. III.28. Zoom de courant rotorique I_{rq}

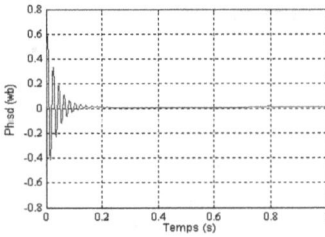

Fig. III.29. Flux statorique Ψ_{sd}

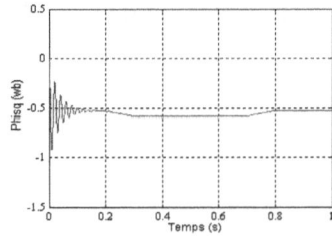

Fig. III.30. Flux statorique Ψ_{sq}

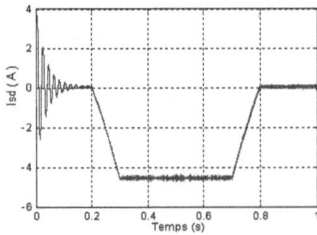

Fig. III.31. Courant statorique I_{sd}

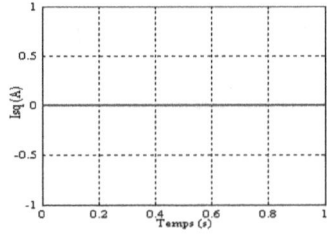

Fig. III.32. Courant statorique I_{sq}

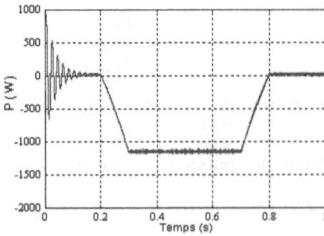

Fig. III.33. Puissance active P

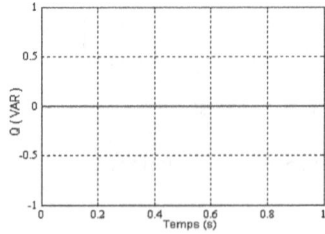

Fig. III.34. Puissance réactive Q

61

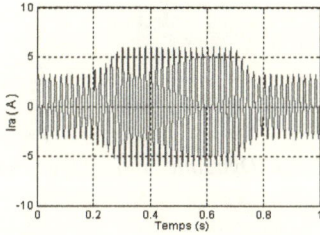

Fig. III.35. Courant de phase rotorique

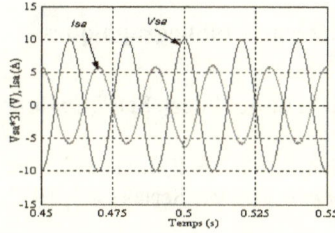

Fig. III.36. Tension et courant statoriques

III.10. Conclusion:

Dans ce chapitre, la technique de la logique floue a été exposée. Un contrôleur à logique floue utilisant la notion de table de décision hors ligne est implanté dans la commande vectorielle pour la machine asynchrone à double alimentation (GADA). Ce choix de la commande a été justifié par la capacité de la logique floue à traiter l'imprécis, l'incertain et le vague.

Les résultats obtenus montrent que le FLC présente des performances de poursuite très satisfaisantes, il a amélioré la dynamique des courants rotoriques par rapport à celle du réglage par PI. Le problème majeur dans la conception d'un FLC est le choix des fonctions d'appartenance pour les variables d'entrées et de sortie qui se fait généralement grâce à l'expertise du processus.

Cependant, un système flou est difficile à appréhender. Sa commande et son réglage peuvent être relativement long. Il s'agit parfois beaucoup plus de tâtonnement que d'une réelle réflexion. Il manque donc à la logique floue un moyen d'apprentissage performant pour régler un système flou, c'est *les réseaux de neurones* qui feront l'objet du chapitre suivant.

III.11. Références bibliographiques :

[1]   Zadeh, L. A, "Fuzzy Sets", *Information and Control*, 8, 338, 1965.

[2]   Zadeh, L. A, "A Rationale for Fuzzy Control", *J. Dynamic Syst., Meas and Control*, Vol. 94, Series G, 3, 1972.

[3]   Zadeh, L. A, "Making the Computers Think Like People", *IEEE Spectrum*, 1994.

[4]   J. Yan, M. Ryan & J. Power, "Using fuzzy logic", Prentice Hall International (UK), 1994.

[5]   E. Mamdani, "An experiment in linguistic synthesis with a fuzzy logic controllers", Inter. Jour. on Man-Machine Studies, Vol. 7, pp. 1-13, 1975.

[6]   Mamdani E. H, "Application of Fuzzy Algorithms for Control of Simple Dynamic Plant", *Proc. of IEE*, Vol. 121, No. 12, 1974.

[7]   H. Bühler, "Réglage par logique floue", Presses Polytechniques et Universitaires Romandes, 1994.

[8]   P. Borne, J. Rozinoer, J. Y. Dieulot, "Introduction à la logique floue", Edition technip, 1998.

[9]   Kickert. W. J.M and Mamdani, E.H, "Analysis of a fuzzy logic controller", *Fuzzy Sets and Systems*, 1, 29–44, 1978.

[10]   Backley, J. J, "Theory of the fuzzy controller: an introduction", *Fuzzy Sets and Systems,* 51, 249–258, 1992.

[11]   Nezar. M, "Diagnostic des associations convertisseurs statiques- machines asynchrones en utilisant les techniques de l'intelligence artificielle", thèse de doctorat d'état de l'université de Batna, 2006.

[12]   Braae. M and Rutherford, D.A, "Theoretical and linguistic aspects of the fuzzy logic controller", *Automatica*, 15, 553–577, 1979.

[13]   Hohle. U and Stout, L.N, "Foundations of fuzzy sets", *Fuzzy Sets and Systems*, 40, 257–296, 1991.

[14]   L. Baghli, "Contribution à la Commande de la Machine Asynchrone, Utilisation de la Logique Floue, des Réseaux de Neurones et des Algorithmes

Génétiques", Thèse de Doctorat, Université Henri Poincaré, France, 1999.

[15] Mizumoto, M, "Fuzzy controls under various fuzzy reasoning methods", *Information Sciences*, 45, 129–151, 1988.

[16] Hellendoorn. H, "Closure properties of the compositional rule of inference", *Fuzzy Sets and Systems*, 35, 163–183, 1990.

[17] Runkler. T.A, "Selection of appropriate defuzzification methods using application specific properties", *IEEE Transactions on Fuzzy Systems*, 5, 72–79, 1997.

[18] Chaiba. A, R. Abdessemed, M. L. Bendaas and A. Dendouga, "Performances of Torque Tracking Control for Doubly Fed Asynchronous Motor using PI and Fuzzy Logic Controllers", Journal of Electrical Engineering, *JEE,* Vol.5, N°2, pp. 25-30, Romania, 2005.

CHAPITRE IV

COMMANDE PAR RESEAUX

DE NEURONES DE LA GADA

IV.1. Introduction :

Les réseaux de neurones artificiels sont une technique qui permet de faire un apprentissage plutôt numérique que symbolique et qui se fonde plutôt sur l'arithmétique que sur la logique (règles de production). Ils ont été utilisés avant tout pour les tâches de reconnaissance de formes, reconnaissance de parole, optimisation etc., mais leurs capacités d'apprentissage les rendent intéressants dans le domaine de la régulation et de la commande des processus aussi.

Ce chapitre est consacré à l'application du contrôle neuronal pour le réglage des courants rotoriques de la *GADA*, après avoir présenté l'approche neuronale, les réseaux de neurones, ainsi que leurs propriétés, on étudie en profondeur, l'algorithme de rétro-propagation du gradient avec ses propriétés et ses limites d'utilisation. Ensuite, nous présentons les résultats de simulation et le test de robustesse.

IV.2. Neurone biologique :

Le cerveau humain possède deux hémisphères latérales reliées par le corps calleux et d'autres ponts axonaux; il pèse moins de deux kilogrammes et contient mille milliards de cellules, dont 100 milliards sont des neurones constitués en réseaux. Les neurones sont des cellules nerveuses décomposables en 4 parties principales (figure IV.1), [1-2]:

– Les dendrites, sur lesquelles les autres cellules entrent en contact synaptique, c'est par les dendrites que se fait la réception des signaux;

– Le corps de la cellule, c'est l'unité de traitement;

– L'axone, où passent les messages accumulés dans le corps de la cellule: l'envoi de l'information se fait par l'axone;

– Les synapses par lesquelles la cellule communique avec d'autres cellules, ce sont des points de connexion par où passent les signaux de la cellule.

Un neurone stimulé envoie des impulsions électriques ou potentiels d'action à d'autres neurones. Ces impulsions se propagent le long de l'axone unique de la cellule. Au point de contact entre neurones, les synapses, ces impulsions sont converties en signaux chimiques. Quand l'accumulation des excitations atteint un certain seuil, le neurone engendre un potentiel d'action, d'une amplitude d'environ 100 mV et pendant une durée de 1 ms.

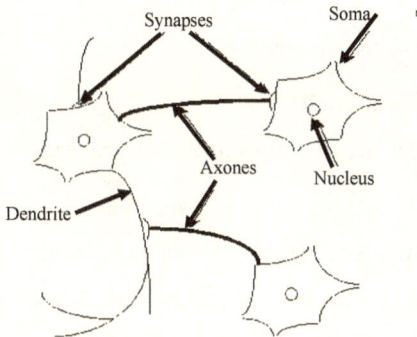

Fig. IV.1. Schéma d'un réseau de neurones biologiques.

IV.3. Neurone formel :

Un neurone formel ou artificiel est un processeur très simple (simulé sur ordinateur ou réalisé sur circuit intégré) imitant grossièrement la structure et le fonctionnement d'un neurone biologique. La première version du neurone formel est celle de Culloch et Pitts, a été en 1943, [3-4].

C'est un automate binaire qui réalise une somme pondérée de ses entrées, le potentiel, et compare ce potentiel à un seuil (nul) : s'il est supérieur, la sortie vaut +1 et le neurone est actif, s'il est inférieur, la sortie vaut -1 et le neurone est inactif. Il existe aujourd'hui d'autres types de neurones, mieux adaptés aux tâches de traitement du signal ou de classification, dont la sortie n'est pas le signe de leur potentiel, mais une fonction f non linéaire dérivable de ce potentiel, telle une tangente hyperbolique; cette fonction est dite fonction d'activation du neurone (Figure IV.2), [5].

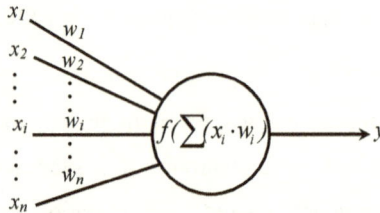

Fig. IV.2. Schéma d'un neurone formel.

Les entrées du neurone sont désignées par x_i ($i = 1..n$). Les paramètres w_i reliant les entrées aux neurones sont appelés poids.

IV.4. Réseaux de neurones artificiels :

On distingue deux grands types d'architectures de réseaux de neurones.

IV.4.1. Les réseaux non bouclés :

Le temps n'est pas un paramètre significatif et la modification de l'entrée n'entraîne qu'une modification stable de la sortie et n'entraîne pas de retour d'information vers cette entrée. Ces architectures sont les plus couramment utilisées, [6].

IV.4.2. Les réseaux bouclés :

Possèdent une structure similaire à celle des réseaux non bouclés mais complétée par des connexions entre éléments de la même couche ou vers des couches amonts. Ces réseaux sont assez puissants car leur fonctionnement est séquentiel et adopte un comportement dynamique, [7].

IV.5. Bref historique :

-1943 : Mc Culloch et Pitts présentent le premier neurone formel.

-1949 : Hebb propose un mécanisme d'apprentissage.

-1958 : Rosenblatt présente le premier réseau de neurones artificiels : le Perceptron. Il est inspiré du système visuel, et possède deux couches de neurones : perceptive et décisionnelle. Dans la même période, le modèle de l'ADALINE (ADAptive LINear Element) est présenté par Widrow. Ce sera le modèle de base des réseaux multicouches.

-1969 : Minsky et Papert publient une critique des perceptrons en montrant leurs limites, ce qui va faire diminuer la recherche sur le sujet.

-1972 : Kohonen présente ses travaux sur les mémoires associatives.

-1982 : Hopfield démontre l'intérêt d'utiliser les réseaux récurrents pour la compréhension et la modélisation des fonctions de mémorisation.

-1986 : Rumelhart popularise l'algorithme de rétropropagation du gradient, conçu par Werbos, qui permet d'entraîner les couches cachées des réseaux multicouches.

Les réseaux neuronaux ont été depuis été beaucoup étudiés, et ont trouvé énormément d'applications, [3].

IV.6. Apprentissage des réseaux de neurones:

L'apprentissage d'un réseau de neurones signifie qu'il change son comportement de façon à lui permettre de se rapprocher d'un but défini.

Ce but est normalement l'approximation d'un ensemble d'exemples ou l'optimisation de l'état du réseau en fonction de ses poids pour atteindre l'optimum d'une fonction économique fixée à priori. Il existe trois types d'apprentissages principaux. Ce sont l'apprentissage supervisé, l'apprentissage non-supervisé et l'apprentissage par renforcement, [8].

IV.6.1. Apprentissage supervisé:

L'apprentissage supervisé est l'adaptation des coefficients synaptiques (poids) d'un réseau afin que pour chaque exemple, la sortie du réseau corresponde à la sortie désirée.

IV.6.2. Apprentissage non supervisé:

L'apprentissage est *non-supervisé* lorsque l'adaptation des poids ne dépend que des critères internes au réseau. L'adaptation se fait uniquement avec les signaux d'entrées. Aucun signal d'erreur, aucune sortie désirée n'est prise en compte.

IV.6.3. Apprentissage par renforcement :

L'apprentissage est de type par *renforcement* lorsque le réseau de neurones interagit avec l'environnement. L'environnement donne une récompense pour une réponse satisfaisante du réseau et assigne une pénalité dans le cas contraire. Le réseau doit ainsi découvrir les réponses qui lui donnent un maximum de récompenses, [7].

Le choix d'utiliser telle ou telle architecture de réseau de neurones, tel ou tel type d'apprentissage dépend de l'application mais aussi des capacités de traitement du système sur lequel ces architectures vont être implantées.

IV.7. Rétropropagation :

La rétropropagation est actuellement la règle la plus utilisée pour l'apprentissage supervisé des réseaux neuronaux; c'est une technique de calcul des dérivées qui peut être appliquée à n'importe quelle structure de fonctions dérivables. Elle est généralement utilisée pour des réseaux de neurones multicouches appelés aussi perceptrons, [4], [9-11].

IV.7.1. Principe de la rétropropagation :

Soit un réseau multicouches non récurrent à m entrées et n sorties, composé de l couches (l-1 couches cachées + couche de sortie), les états des neurones de la couche k sont données par les équations suivantes :

$$O_i^k(t) = f^k\left[S_i^k(t)\right] \qquad\qquad i=1,...,n_k \qquad\qquad\qquad \text{(IV.1)}$$

$$S_i^k(t) = \sum_{j=0}^{n_{k-1}} W_{ij}^k O_i^{k-1}(t) \qquad\qquad k=1,2,...l \qquad\qquad \text{(IV.2)}$$

avec pour la couche k :

f^k : la fonction d'activation;

n_k : le nombre de neurones;

O_i^k : la sortie du neurone i;

W_{ij}^k : le coefficient synaptique de la connexion entre le neurone i de la couche k et le neurone j de la couche précédente k-1.

On dispose d'un ensemble d'échantillons représentatif d'apprentissage qui est un ensemble de couples (entrées/sorties). L'objectif est d'adapter les poids W de façon à minimiser la valeur moyenne de l'erreur quadratique globale sur l'ensemble d'apprentissage exprimée par :

$$E = \frac{1}{2}\sum_{t=1}^{T} E(t)E(t)^t = \frac{1}{2}\sum_{t=1}^{T}\left[y^d(t) - y(t)\right]\left[y^d(t) - y(t)\right]^t \qquad \text{(IV.3)}$$

avec :

y^d : est le vecteur de sortie désiré;

y : est le vecteur de sortie du réseau neuronal;

T : est la longueur de l'ensemble d'apprentissage.

On commence l'opération d'apprentissage par un choix aléatoire des valeurs initiales des poids. A chaque étape, les échantillons sont présentés à l'entrée du réseau, après propagation, la sortie du réseau et l'erreur globale correspondante, sont disponibles, [11].

Par rétropropagation de l'erreur globale, les gradients de cette erreur par rapport à tous les poids sont calculés et les paramètres sont ajustés dans la direction opposée à celle de ces gradients de l'erreur globale par exemple, en appliquant la loi d'adaptation suivante :

$$W_{ij}^k(n) = W_{ij}^k(n-1) + \Delta W_{ij}^k(n) \qquad\qquad\qquad \text{(IV.4)}$$

$$\Delta W_{ij}^k(n) = -\mu\frac{\delta E}{\delta W_{ij}^k(n)} \qquad\qquad\qquad\qquad \text{(IV.5)}$$

Le réajustement des biais se fait de même manière que les poids.

Où, μ est une constante positive appelée taux ou pas d'apprentissage et n est le numéro de l'itération. Cette adaptation peut se faire par deux techniques.

- Première technique :

Les poids sont adaptés au passage de chaque exemple, et l'apprentissage se fait en temps réel. Cette adaptation rend le processus plus sensible à chaque exemple individuellement ce qui n'est pas conseillé dans le cas de la classification d'entrées.

- Seconde technique :

Les poids ne sont adaptés qu'après le passage de tous les exemples d'entraînement. La réadaptation est alors, plus prudente. En effet, le réajustement se fait suivant la moyenne de tous les exemples et la méthode est donc moins sensible au bruit que peuvent contenir les exemples pouvant se présenter. C'est donc une méthode plus robuste et si l'application ne nécessite pas un apprentissage en temps réel, cette technique est préférable à la première, [3].

IV.7.2. Algorithme d'apprentissage :

Etape 1 :

- Initialiser les poids W_{ij}^k avec de petites valeurs généralement dans l'intervalle [-1,1].

Etape 2 :

- Présenter un exemple et calculer la sortie et l'erreur correspondante en utilisant les équations (IV.1), (IV.2), (IV.3), (IV.4) et (IV.5).

Etape 3 :

- Calculer les dérivées partielles de l'erreur par rapport à chaque poids.

Pour la première technique :

- Mettre $\Delta W_{ij}^k(n) = \left[\Delta W_{ij}^k(n)\right]_p$

- Aller à l'étape 4.

Pour la première technique :

- Si $P \neq T$ retourner à l'étape 2

- Sinon, $\Delta W_{ij}^k(n) = \sum\limits_{t=1}^{T} \left[\Delta W_{ij}^k(n) \right]$

Etape 4 :

- Ajuster les paramètres par l'équation (IV.4).

Répéter les étapes de 2 à 4 jusqu'à ce que le nombre maximal d'itérations soit atteint ou jusqu'à ce que le seuil de l'erreur fixé soit atteint.

IV.7.3. Etude du taux d'apprentissage :

La vitesse de convergence dépend de la constante μ., sa valeur est généralement choisie expérimentalement en respectant un compromis entre la vitesse de convergence et la précision des résultats. Si μ est trop petit la convergence et lente mais la direction de descente est optimale. Si μ est trop grand, la convergence est rapide mais la précision est médiocre; un phénomène d'oscillation intervient dès qu'une importance capacité dans cet algorithme d'apprentissage.

Le mieux est de choisir un taux d'apprentissage adaptatif. Un choix d'un taux d'apprentissage décroissant avec l'évolution de l'apprentissage est dans la plupart des cas, bénéfique. Actuellement il existe des méthodes qui choisissent un taux optimal à chaque itération, [11-14].

Une autre technique plus simple pour la modification du taux d'apprentissage. Cette technique consiste à mettre en œuvre un algorithme qui a pour rôle de contrôler l'erreur d'entraînement à chaque étape. Ainsi à chaque fois que l'erreur présente dépasse l'erreur précédente d'un certain seuil précédemment fixé une augmentation des oscillations apparaît; d'où risque de divergence. Pour cela on rejette les poids générés et on revient au point précèdent, en diminuant le taux d'apprentissage. Si par contre l'erreur diminue, les poids générés sont retenus et le taux est augmenté. De cette manière, on essaye à chaque étape d'avancer le plus rapidement possible vers l'optimum tout en évitant la divergence de l'algorithme. Cette méthode donne une convergence plus rapide avec une bonne précision d'entraînement, [11-12], [15].

Pour éviter le problème des oscillations, beaucoup d'auteurs modifient l'algorithme en lui ajoutant un moment, [16]. La loi d'adaptation devient :

72

$$W_{ij}^k(n) = W_{ij}^k(n-1) + \Delta W_{ij}^k(n) + \beta \Delta W_{ij}^k(n-1) \qquad 0 \le \beta \le 1 \qquad \text{(IV.6)}$$

IV.8. Développement du contrôleur neuronal :

Dans notre travail, Le réseau statique multicouche utilisé comme contrôleur neuronal possède une couche d'entrée de 4 neurones, une couche cachée de 5 neurones et une couche de sortie à 1 neurone. Les fonctions d'activation des deux premières couches est la fonction sigmoïde, tandis que la fonction linéaire est utilisée pour la couche de sortie.

Son apprentissage est réalisé à l'aide de l'algorithme de rétropropagation du gradient basé sur l'erreur $e = i_r^* - i_r$, avec un taux d'apprentissage adaptatif.

Les paramètres du contrôleur sont adaptés en temps réel.

L'architecture de ce réseau de neurones est montrée dans la figure (IV.3), où O_i, O_j et O_m représentent respectivement les valeurs à la sortie des neurones de la couche d'entrée, de la couche cachée et de la couche de sortie.

Le choix de cette architecture (structure) a été fait par simulation. Dans ce cas, les entrées du réseau de neurones sont :

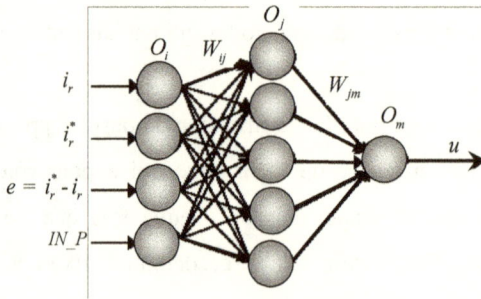

Fig. IV.3. Architecture neuronal proposée pour l'implémentation du contrôleur.

La réponse du courant rotorique i_r, le courant rotorique de référence i_r^*, l'erreur du courant rotorique $e = (i_r^* - i_r)$ pour l'adaptation du réseau Backpropagation et IN_P variable pour initialiser les paramètres du réseau, soit quatre neurones dans la couche d'entrée. Pour la couche de sortie, elle est composée d'un seul neurone, ce dernier représente la tension V_{rd}^r (pour le cas de la composante directe du courant rotorique).

Pour la couche cachée, suite à une série d'essais de l'erreur quadratique, la simulation nous a mené à choisir une seule couche à cinq neurones. (La valeur de l'erreur quadratique est la plus petite $(1,961.10^{-7})$ et a été obtenue au bout de six itérations seulement comparativement aux autres essais).

V.9. Application des réseaux de neurones au réglage des courants rotoriques de la GADA :

Le schéma global de la commande neuronale est représenté dans la figure (IV.4).

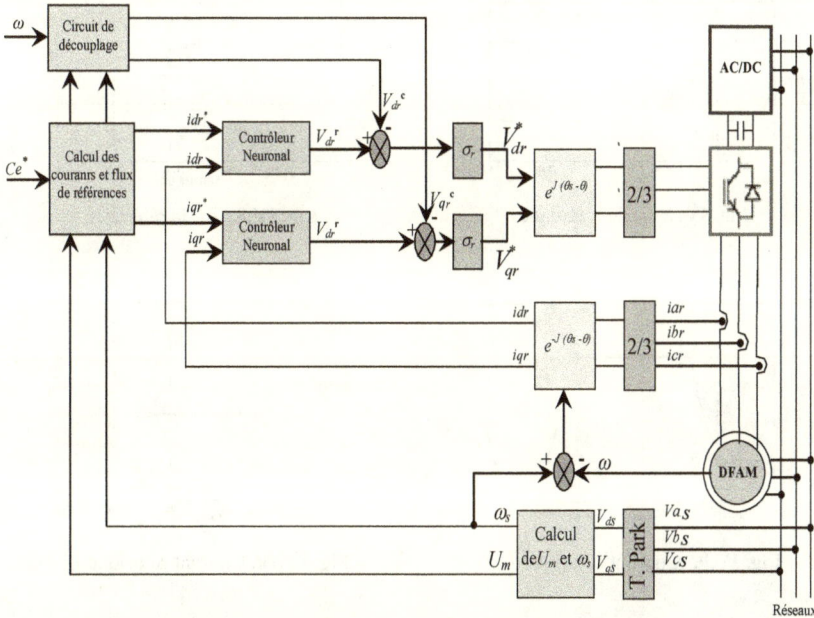

Fig. IV.4. Schéma bloc global de commande de la GADA
par les réseaux de neurones.

IV.10. Résultats de simulation :

Les résultats de simulation reportés sur les figures (IV.5-IV.18), concernent l'entraînement de la *GADA* avec une vitesse de 92 rd/s, application d'un couple de référence de forme trapézoïdale qui commence à l'instant t = 0.2 s après une valeur zéro et qui tient la valeur -10 Nm à l'instant t = 0.3 s.

Le régulateur PI est remplacé par un régulateur neuronal.

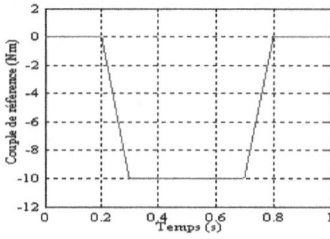

Fig. IV.5. Couple de référence

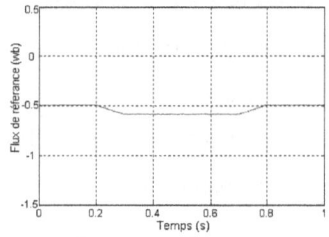

Fig. IV.6. Flux de référence

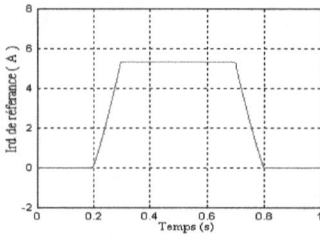

Fig. IV.7. I_{rd} de référence

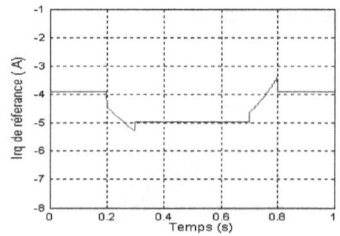

Fig. IV.8. I_{rq} de référence

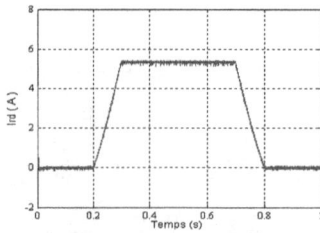

Fig. IV.9. Courant rotorique I_{rd}

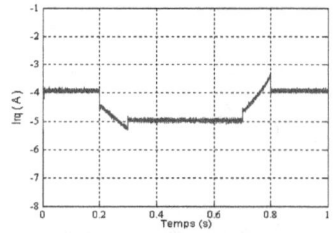

Fig. IV.10. Courant rotorique I_{rq}

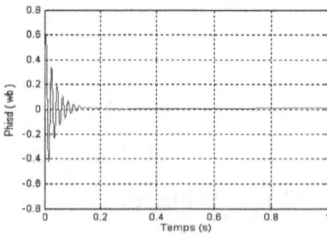

Fig. IV.11. Flux statorique Ψ_{sd}

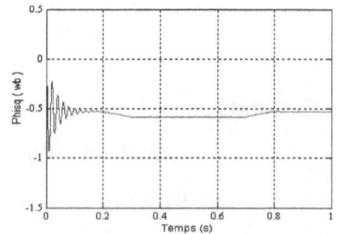

Fig. IV.12. Flux statorique Ψ_{sq}

75

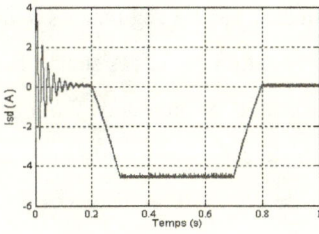

Fig. IV.13. Courant statorique I_{sd}

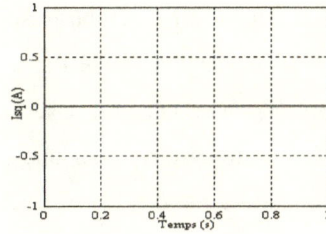

Fig. IV.14. Courant statorique I_{sq}

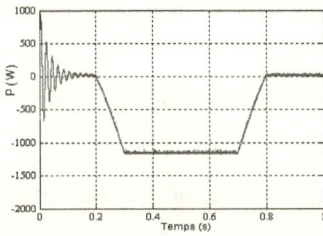

Fig. IV.15. Puissance active P

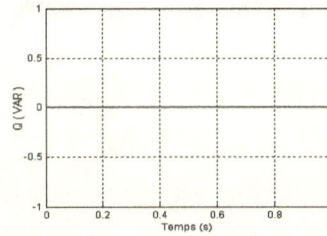

Fig. IV.16. Puissance réactive Q

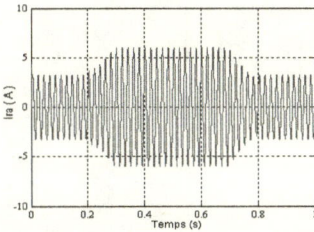

Fig. IV.17. Courant de phase rotorique

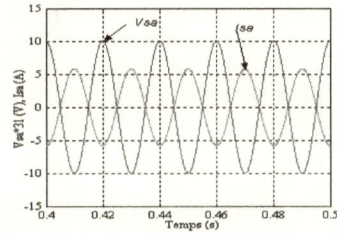

Fig. IV.18. Tension et courant statoriques

Les résultats de simulation présentés dans les figures (IV.9) et (IV.10) montrent que le régulateur neuronal offre une meilleure poursuite de la référence particulièrement au démarrage, comparativement au régulateur PI présenté au chapitre II. Nous remarquons sur la figure (IV.10) de petits dépassements aux régimes transitoires, mais de temps de réponse nul. L'explication de ces dépassements vient des changements brusques de la référence.

IV.11. Tests de robustesse :

Dans le but de tester la robustesse de la commande par les régulateurs neuronaux, nous avons également étudié l'influence de la variation de la résistance rotorique, inductances propres et mutuelle sur les performances de la commande. Pour cela nous avons simulé le système pour une augmentation de 50% de la résistance rotorique (R_r) introduite à $t = 0.5$s, aussi une diminution de 25% des inductances propres et mutuelle (L_r, L_s et M) introduite à $t = 0.5$s. Les figures (IV.19-IV.34) illustrent les résultats des tests de simulation.

Nous observons sur les figures (VI.24) et (IV.26), un léger dépassement à l'instant $t = 0.5s$ (dépassement de 0.2 ampère avec un temps de réponse de 0.002 s), ceci montre une sensibilité du régulateur neuronal à la variation paramétrique légèrement grande par rapport au régulateur flou.

Les résultats du test de robustesse montrent que le régulateur neuronal présente une amélioration satisfaisante concernant la robustesse, comparativement au régulateur PI.

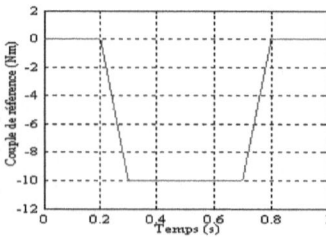

Fig. IV.19. Couple de référence

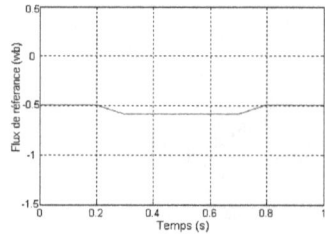

Fig. IV.20. Flux de référence

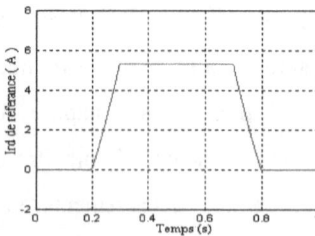

Fig. IV.21. I_{rd} de référence

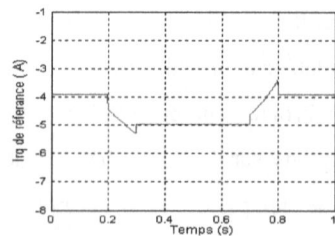

Fig. IV.22. I_{rq} de référence

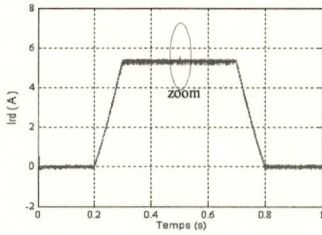

Fig. IV.23. Courant rotorique I_{rd}

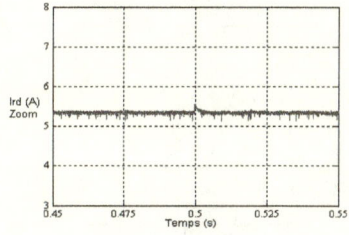

Fig. IV.24. Zoom de courant rotorique I_{rd}

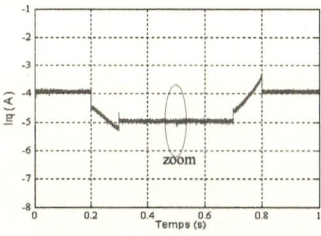

Fig. IV.25. Courant rotorique I_{rq}

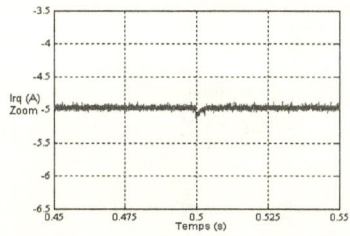

Fig. IV.26. Zoom de courant rotorique I_{rq}

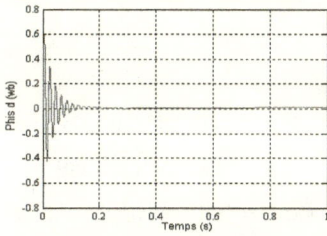

Fig. IV.27. Flux statorique Ψ_{sd}

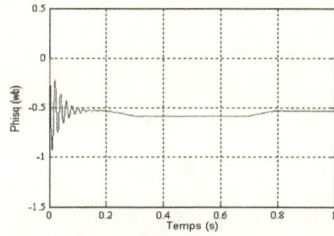

Fig.IV.28. Flux statorique Ψ_{sq}

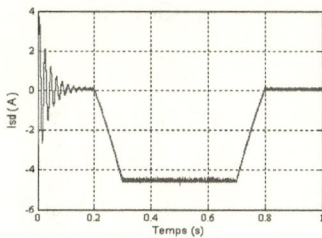

Fig. IV.29. Courant statorique I_{sd}

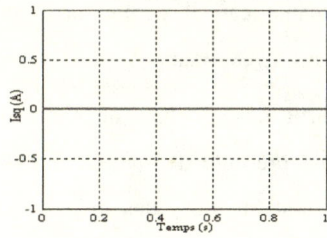

Fig. IV.30. Courant statorique I_{sq}

78

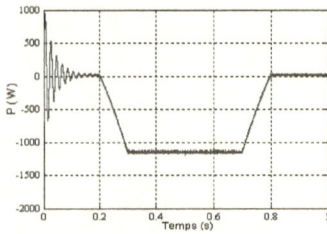

Fig. IV.31. Puissance active P

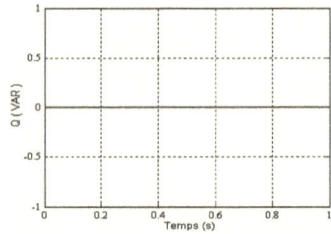

Fig. IV.32. Puissance réactive Q

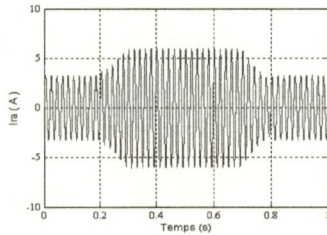

Fig. IV.33. Courant de phase rotorique

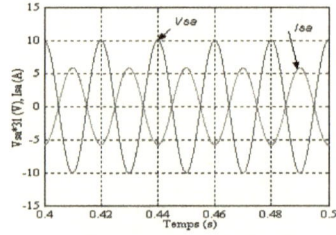

Fig. IV.34. Tension et courant statoriques

IV.12. Conclusion:

Dans ce chapitre nous avons effectué une synthèse générale sur les réseaux de neurones à apprentissage supervisé spécialement les réseaux multicouches. Pour l'entraînement de ce type de réseau la méthode de Back propagation constitue l'algorithme d'apprentissage qui reste le plus utilisé.

On peut dire que l'apprentissage en ligne aboutit à une commande nettement plus performante car, il permet au contrôleur neuronal de s'affiner tout au long du processus de commande.

A partir des résultats de simulation présentés, on peut dire que le régulateur neuronal présente des améliorations importantes par rapport au régulateur PI (en terme d'atténuation des dépassements au niveau des régimes transitoires et l'insensibilité aux variations paramétriques).

79

Le régulateur neuronal reste moins robuste contre les variations paramétriques de la machine par rapport au régulateur flou présenté au chapitre III.

IV.13. Références bibliographiques :

[1]   Morère. Y, "TP Réseau de neurones feedforward", Master2, université de Metz, 2005.

[2]   Davalo. E, Naim. P, *"Des Réseaux de Neurones"*, Edition Eyrolles, 1993.

[3]   Touzet. C, "Les Réseaux de Neurones Artificiels, introduction au connexionnisme", Cours, exercices et travaux pratiques Juillet 1992.

[4]   L. Baghli, "Contribution à la commande de la machine asynchrone, utilisation de la logique floue, des réseaux de neurones et des algorithmes génétiques", Thèse de Doctorat, Université Henri Poincaré, France, 1999.

[5]   Bimal. K. Bose, "Expert system, fuzzy logic, and neural network applications in power electronics and motion control", proc, *IEEE*. Vol N° 8, August 1994.

[6]   Nezar. M, "Diagnostic des associations convertisseurs statiques- machines asynchrones en utilisant les techniques de l'intelligence artificielle", thèse de doctorat d'état de l'université de Batna, 2006.

[7]   Ould abdeslam. D, "Techniques neuromimétiques pour la commande dans les systèmes électriques: application au filtrage actif parallèle dans les réseaux électriques basse tension", thèse de doctorat, Université de Haute-Alsace, 2005.

[8]   R. Hecht-Nielson, "Neurocomputer Applications" in Proceedings of the 1987 IEEE Asilomar Signals & Systems Conference. IEEE Press, 1988.

[9]   M.E. Elbuluk, L. Tong and I. Husain, "Neural Network Based Model Reference Adaptive Systems for High Performance Motor Drives and Motion Controls", *IEEE* Transactions On Industry Applications, Vol. 38, no. 3, may/june 2002.

[10]   Jean-Luc Bloechle, "Réseau de Neurones Artificiels pour la classification des fontes Arabes et la distinction entre la langue Arabe et les langues Latines", thèse de Doctorat, Département d'informatique, Université de Fribourg, Suisse, Juin 2003.

[11] Messaoudi. A, "Modélisation et Commande d'un Actionneur synchrone", Thèse de Magister, Université de Batna, Algérie, 2002.

[12] Yeddou Y. M, "Etude de synthèse sur les réseaux de neurones et leurs application", Ecole nationale polytechnique, thèse de magister, 1998.

[13] Ng SC, Cheung CC, Leung SH, "Magnified gradient function with deterministic weight modification in adaptive learning", *IEEE* Trans Neural Network 15(6):1411–23, 2004.

[14] Zhang. Y, Sen. P, Hearn. GE, "An on-line trained adaptive neural controller", *IEEE* Trans Control Syst Mag (15), pp. 67–75, 1995.

[15] Mokhnache. L, "Application de RN dans le diagnostique et la prédiction des isolations HT", Thèse de Doctorat, école nationale polytechnique, 2004.

[16] Istook. E, Martinez. T, "Improved backpropagation learning in neural network with windowed momentum". Internat J Neural Syst, 12(3&4):303–18, 2002.

[17] Matlab version 6.1.0.450 (R12.1), "Neural Network Toolbox User's guide", Mathworks Inc 1984-2001.

CHAPITRE V

COMMANDE PAR NEURO-FLOU
DE LA GADA

V.1. Introduction :

Les systèmes à inférence floue sont employés dans de nombreux domaines industriels. Utilisés principalement lorsque le modèle mathématique du système physique est difficile à élaborer, ils exploitent des règles floues tirées d'une expertise humaine pour modéliser le comportement dynamique du système. Ces règles sont du type : *SI la vitesse est grande et la distance est petite, ALORS freiner très fortement.*

Les principaux avantages des techniques floues sont l'approche naturelle de la modélisation et la bonne interprétabilité de la description, en employant des règles linguistiques. Cependant, comme il n'y a aucune méthode formelle pour déterminer ses paramètres (ensembles et règles floues), l'exécution d'un système flou peut prendre beaucoup de temps. Dans ce sens, il serait intéressant de disposer d'algorithmes permettant l'apprentissage automatique de ces paramètres, [1-2].

L'une des méthodes qui permet de répondre à ces exigences est la théorie des réseaux de neurones qui emploie des échantillons (données d'observation) pour l'apprentissage. La combinaison des deux techniques nous donne les systèmes *neuro-flou*.

V.2. Définition du neuro-flou :

Les systèmes neuro-flous sont des systèmes flous formés par un algorithme d'apprentissage inspiré de la théorie des réseaux de neurones. La technique d'apprentissage opère en fonction de l'information locale et produit uniquement des changements locaux dans le système flou d'origine.

Les règles floues codées dans le système neuro-flou représentent les échantillons imprécis et peuvent être vues en tant que prototypes imprécis des données d'apprentissage, [3].

Un système neuro-flou ne devrait par contre pas être vu comme un système expert (flou), et il n'a rien à voir avec la logique floue dans le sens stricte du terme. On peut aussi noter que les systèmes neuro-flous peuvent être utilisés comme des approximateurs universels, [3-5].

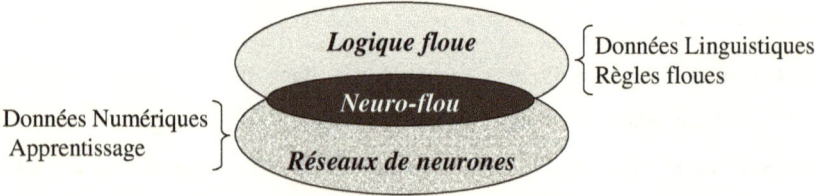

Données Numériques Apprentissage }

Logique floue

Neuro-flou

Réseaux de neurones

{ Données Linguistiques Règles floues

Fig. V.1. Principe du Neuro-flou

V.3. Avantages et inconvénients de la logique floue et des réseaux de neurones :

L'utilisation simultanée des réseaux de neurones et de la logique floue, permet de tirer les avantages des deux méthodes : les capacités d'apprentissage de la première et la lisibilité et la souplesse de la seconde.

Afin de résumer l'apport du neuro-flou, le Tableau (V.1) regroupe les avantages et les inconvénients de la logique floue et des réseaux de neurones, [3].

Les systèmes neuro-flous sont créés afin de synthétiser les avantages et de surmonter les inconvénients des réseaux neuronaux et des systèmes flous.

Les algorithmes d'apprentissage peuvent être employés pour déterminer les paramètres des systèmes flous. Ceci revient à créer ou améliorer un système flou de manière automatique, au moyen des méthodes spécifiques aux réseaux neuronaux.

Un aspect important est que le système reste toujours interprétable en termes de règles floues, vu qu'il est basé sur un système flou.

Réseaux de neurones	Logique floue
Avantages :	
• Aucune connaissance basée sur les règles.	• La connaissance antérieure sur les règles peut être utilisée.
• Le modèle mathématique non requis.	
• Plusieurs algorithmes d'apprentissage sont disponibles.	• Le modèle mathématique non requis.
	•Une interprétation et implémentation simple.
Inconvénients :	
• Boite noire (manque de traçabilité).	• Ne peut pas apprendre.
• L'adaptation aux environnements différents est difficile et le réapprentissage est souvent	• Les règles doivent être disponibles.
	• Adaptation difficile au

Tableau V.1. Comparaison entre la logique floue
et les réseaux de neurones

V.4. Méthodes neuro-floues :

Plusieurs méthodes ont été développées depuis 1988 et sont le plus souvent orientées vers la commande de systèmes complexes et les problèmes de classification. Il existe ainsi trois méthodes neuro-floues.

V.4.1. Première méthode neuro-floue :

Cette méthode neuro-floue est basée sur le codage du système d'inférence floue sous la forme d'un réseau de neurones multicouches dans lequel les poids correspondent aux paramètres du système. L'architecture du réseau dépend du type de règle et des méthodes d'inférence, d'agrégation et de défuzzification choisies, figure (V.2).

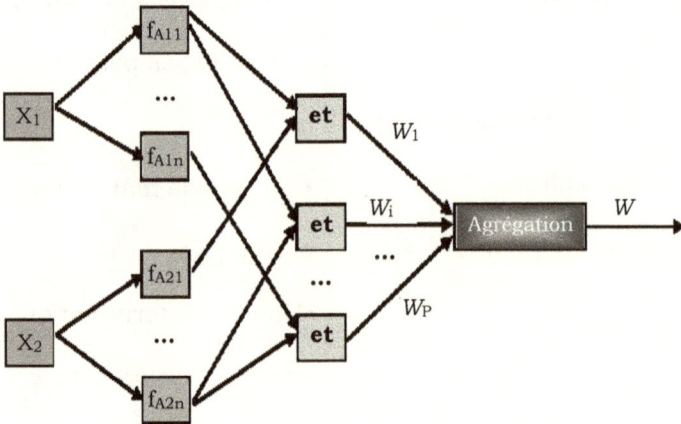

Fig. V.2. Premières architecture des réseaux neuro-floues

D'après la figure (V.2), pour des règles de la forme :

"*SI V1 est A_{1i} et V2 est A_{2i} ALORS W = W*i" nous obtenons un réseau de neurones qui admet pour entrée les valeurs X_1 et X_2 prises par les variables *V1* et *V2* et dont les deux couches cachées correspondent respectivement au calcul de la valeur des fonctions d'appartenance A_{ij} pour l'entrée X_i et à celui de la valeur prise par la conjonction des conditions de chaque règle utilisant un opérateur adéquat. Les fonctions d'appartenance sont considérées comme des paramètres ajustés par les

85

poids entrant dans la première couche cachée. Les conclusions W_i des règles sont également des paramètres ajustables par l'intermédiaire des poids associés à la dernière couche.

V.4.2. Deuxième méthode neuro-floue :

Elle consiste à utiliser les réseaux de neurones pour remplacer chacune des composantes d'un système de commande floue. Ces réseaux sont destinés à l'apprentissage des fonctions d'appartenance, au calcul de l'inférence et à la réalisation de la phase d'agrégation et de défuzzification. Ils peuvent réaliser l'extraction des règles floues en analysant la corrélation qui existe entre les entrées et les sorties du réseau de neurones.

Ces approches permettent de résoudre deux problèmes importants de la logique floue : le détermination des fonctions d'appartenance et l'adaptation à l'environnement du système.

V.4.3. Troisième méthode neuro-floue :

Cette troisième méthode utilise des réseaux de neurones et des systèmes flous associés en série ou en parallèle. Plusieurs variantes d'utilisation sont ainsi possibles :

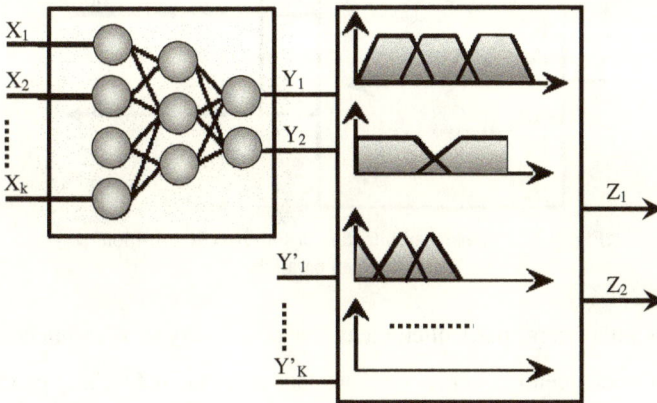

Fig. V.3. Troisième architecture des réseaux Neuro-Flou
Réalisation en série

86

- Le réseau de neurones fonctionne en amont du système flou. Les variantes d'entrées du système flou sont déterminées à partir des sorties du réseau de neurones (dans le cas où elles ne sont pas mesurables directement) ou encore un réseau de neurones effectue une tâche de classification ou de reconnaissance de formes, suivie d'un système flou d'aide à la décision.

- Un réseau de neurones qui fonctionne en aval du système flou, dans le but d'ajuster les sorties d'un système de commande floue à de nouvelles connaissances obtenues, les variables de sorties étant les erreurs sur les variables de sortie du système flou, [6].

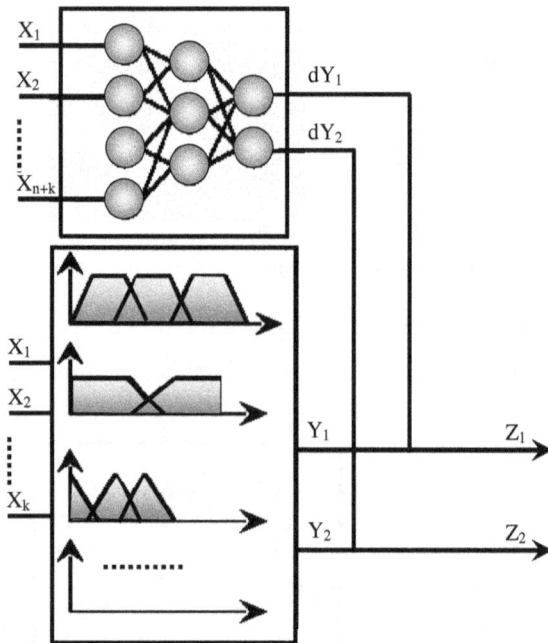

Fig. V.4. Troisième architecture des réseaux Neuro-Flou
Réalisation en parallèle

Notre étude s'intéressera particulièrement au premier type d'architecture des réseaux neuro-floues, celui-ci présente une certaine facilité d'implémentation neuronale moyennement satisfaisante, aussi va t-il nous permettre de déterminer les paramètres des fonctions d'appartenances. Nous allons présenté l'architecture du contrôleur neuro-flou et son développement dans ce qui suit.

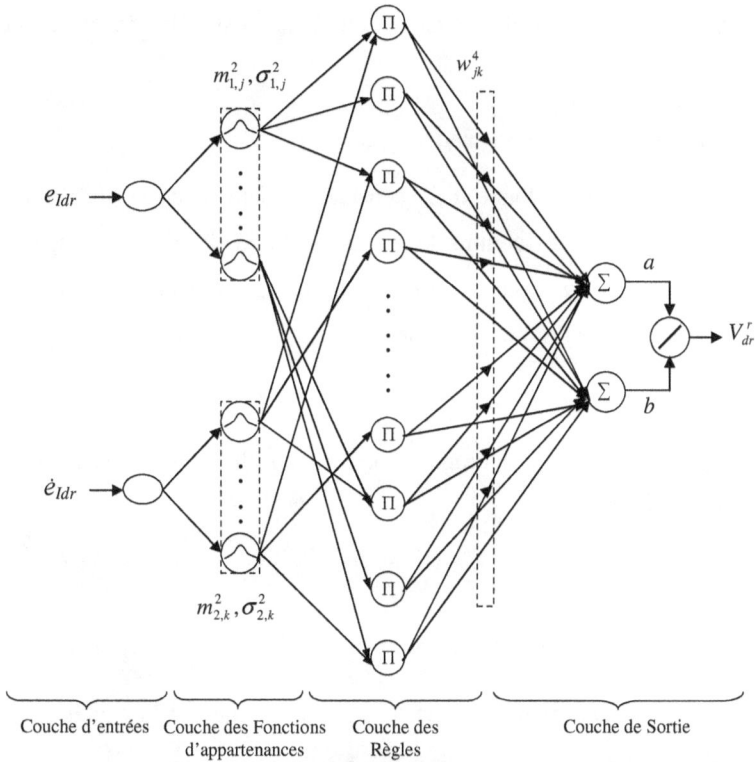

Fig. V.5. Architecture des réseaux neuro-flous pour
notre contrôleur

V.5. Développement du contrôleur neuro-flou :

Le contrôleur neuro-flou à deux entrées, l'erreur du courant rotorique e_{idr} et la
dérivée de l'erreur du courant rotorique $\dot{e}_{idr}$.

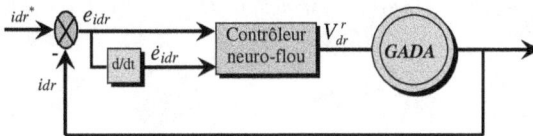

Fig. V.6. Schéma bloc du contrôleur neuro-flou avec la GADA

88

La sortie est la chute de tension rotorique V_{dr}^r, figure (V.6).

Pour le contrôleur neuro-flou du courant rotorique I_{rq} est similaire au contrôleur du courant I_{rd}.

V.5.1. Description du contrôleur neuro-flou :

Pour le contrôleur neuro-flou (NFC) considéré, quatre couches de réseaux de neurones (NN) sont utilisées comme le montre la figure (V.5). Les couches *I–IV* représentes les entrées du réseau, les fonctions d'appartenances, base des règles floues et la sortie du réseau respectivement.

- Couche I: couche d'entrée:

Les entrées et les sorties des neurones dans cette couche sont représentées par les équations suivantes:

$$net_1^I = e_{idr}(t), \ y_1^I = f_1^I(net_1^I) = net_1^I = e_{idr}(t) \tag{V. 1}$$

$$net_2^I = \dot{e}_{idr}(t), \ y_2^I = f_2^I(net_2^I) = net_2^I = \dot{e}_{idr}(t) \tag{V. 2}$$

Avec: e_{ird} et $\dot{e}_{ird}$ sont des entrées, y_1^I et y_2^I sont des sorties de la couche d'entrée. Dans cette dernière, les poids sont fixes et égaux à l'unité.

- Couche II: couche des fonctions d'appartenance:

Dans cette couche, chaque neurone représente un ensemble flou et les fonctions Gaussiennes sont adoptées comme fonctions d'appartenances.

Les équations (V.3) et (V.4) présentent les entrées et les sorties de la couche II comme suit :

$$net_{1,j}^{II} = -\frac{(x_{1,j}^{II} - m_{1,j}^{II})^2}{(\sigma_{1,j}^{II})^2}, \ y_{1,j}^{II} = f_{1,j}^{II}(net_{1,j}^{II}) = exp(net_{1,j}^{II}) \tag{V.3}$$

$$net_{2,k}^{II} = -\frac{(x_{2,k}^{II} - m_{2,k}^{II})^2}{(\sigma_{2,k}^{II})^2}, \ y_{2,k}^{II} = f_{2,k}^{II}(net_{2,k}^{II}) = exp(net_{2,k}^{II}) \tag{V.4}$$

avec: $m_{1,j}^{II}$, $m_{2,k}^{II}$ et $\sigma_{1,j}^{II}$, $\sigma_{2,k}^{II}$ sont, respectivement, le centre et l'écart type de la fonction Gaussienne. Il y a $(j + k)$ neurones dans cette couche.

- Couche III: couche des règles:

Cette couche contient la base des règles utilisées dans le contrôleur à logique flou (FLC). L'opérateur de produit est utilisé pour représenter une règle dans chaque neurone, [7].

$$net_{jk}^{III} = (x_{1,j}^{III} \times x_{2,k}^{III}), y_{jk}^{III} = f_{jk}^{III} (net_{jk}^{III}) = net_{jk}^{III} \qquad (V.5)$$

- Couche IV: couche de sortie:

Cette couche représente l'inférence et la défuzzification utilisés en (FLC). Pour la défuzzification, la méthode du centre de gravité est utilisée; donc on obtient la forme suivante, [8-9] :

$$a = \sum_j \sum_k w_{jk}^{IV} y_{jk}^{III} , b = \sum_j \sum_k y_{jk}^{III} \qquad (V.6)$$

$$net_0^{IV} = \frac{a}{b}, y_0^{IV} = f_0^{IV} (net_0^{IV}) = \frac{a}{b} \qquad (V.7)$$

Avec: y_{jk}^{III} est la sortie de la couche des règles, a et b sont le nominateur et le dénominateur de la fonction utilisée dans la méthode du centre de gravité, respectivement. w_{jk}^{IV} est le centre de la fonction d'appartenance de sortie utilisée dans FLC.

L'objectif de l'algorithme d'apprentissage est d'ajuster les poids w_{jk}^{IV}, $m_{1,j}^{II}$, $m_{2,k}^{II}$, $\sigma_{1,j}^{II}$ et $\sigma_{2,k}^{II}$. L'algorithme d'apprentissage est en ligne; c'est un algorithme de descente de gradient.

V.5.2. Algorithme d'apprentissage en ligne:

L'expression de l'erreur à l'entrée de la couche IV est représentée par :

$$\delta_0^{IV} = -\frac{\partial e_{idr}(t)\dot{e}_{idr}(t)}{\partial y_0^{IV}}\frac{\partial y_0^{IV}}{\partial net_0^{IV}} = \mu_5 e_{idr}(t)$$ (V.8)

Avec: μ_5 le taux d'apprentissage pour les poids w_{jk}^{IV}.

La variation des poids w_{jk}^{IV} est donnée par l'équation suivante :

$$\Delta w_{jk}^{IV} = -\frac{\partial e_{idr}(t)\dot{e}_{idr}(t)}{\partial net_0^{IV}}\frac{\partial net_0^{IV}}{\partial a}\frac{\partial a}{\partial w_{jk}^{IV}} = \frac{1}{b}\delta_0^{IV} y_{jk}^{III}$$ (V.9)

Puisque les poids dans la couche de règles sont normalisés, seulement l'approximation de l'erreur doit être calculée et propagée par l'équation suivante, [10-18]:

$$\delta_{jk}^{III} = -\frac{\partial e_{idr}(t)\dot{e}_{idr}(t)}{\partial net_0^{IV}}\frac{\partial net_0^{IV}}{\partial y_{1,j}^{III}}\frac{\partial y_{1,j}^{III}}{\partial net_{jk}^{III}} = \frac{1}{b}\delta_0^{IV}(w_{jk}^{IV} - y_0^{IV})$$ (V.10)

L'erreur acquise par la couche III sera calculée comme suit:

$$\delta_{1k}^{II} = \sum_k \left[\left(-\frac{\partial e_{idr}(t)\dot{e}_{idr}(t)}{\partial net_{jk}^{III}}\right)\frac{\partial net_{jk}^{III}}{\partial y_{1,j}^{II}}\frac{\partial y_{1,j}^{II}}{\partial net_{1,j}^{II}}\right] = \sum_k \delta_{jk}^{III} y_{jk}^{III}$$ (V.11)

$$\delta_{2k}^{II} = \sum_j \left[\left(-\frac{\partial e_{idr}(t)\dot{e}_{idr}(t)}{\partial net_{jk}^{III}}\right)\frac{\partial net_{jk}^{III}}{\partial y_{2,k}^{II}}\frac{\partial y_{2,k}^{II}}{\partial net_{2,k}^{II}}\right] = \sum_j \delta_{jk}^{III} y_{jk}^{III}$$ (V.12)

La loi des mises à jour de $m_{1,j}^{II}$, $m_{2,k}^{II}$ et $\sigma_{1,j}^{II}$, $\sigma_{2,k}^{II}$ est obtenue par l'algorithme de descente de gradient.

$$\Delta m_{1,j}^{II} = -\frac{\partial e_{idr}(t)\dot{e}_{idr}(t)}{\partial net_{1,j}^{II}}\frac{\partial net_{1,j}^{II}}{\partial m_{1,j}^{II}} = \mu_4 \delta_{1,j}^{II}\frac{2(x_{1,j}^{II} - m_{1,j}^{II})}{(\sigma_{1,j}^{II})^2}$$ (V.13)

$$\Delta m_{2k}^{II} = -\frac{\partial e_{idr}(t)\dot{e}_{idr}(t)}{\partial net_{2,k}^{II}}\frac{\partial net_{2,k}^{II}}{\partial m_{2,k}^{II}} = \mu_3 \delta_{2,k}^{II}\frac{2(x_{2,k}^{II} - m_{2,k}^{II})}{(\sigma_{2,k}^{II})^2}$$ (V.14)

$$\Delta\sigma_{1,j}^{II} = -\frac{\partial e_{idr}(t)\dot{e}_{idr}(t)}{\partial net_{1,j}^{II}}\frac{\partial net_{1,j}^{II}}{\partial\sigma_{1,j}^{II}} = \mu_2\delta_{1,j}^{II}\frac{2(x_{1,j}^{II} - m_{1,j}^{II})^2}{(\sigma_{1,j}^{II})^3} \tag{V.15}$$

$$\Delta\sigma_{2k}^{II} = -\frac{\partial e_{idr}(t)\dot{e}_{idr}(t)}{\partial net_{2,k}^{II}}\frac{\partial net_{2,k}^{II}}{\partial\sigma_{2,k}^{II}} = \mu_1\delta_{2,k}^{II}\frac{2(x_{2,k}^{II} - m_{2,k}^{II})^2}{(\sigma_{2,k}^{II})^3} \tag{V.16}$$

Avec μ_4, μ_3, μ_2 et μ_1 sont les taux d'apprentissage pour les paramètres du centre et l'écart type des fonctions Gaussiennes.

Le schéma de commande neuro-floue complet est illustré dans la figure (V.7) :

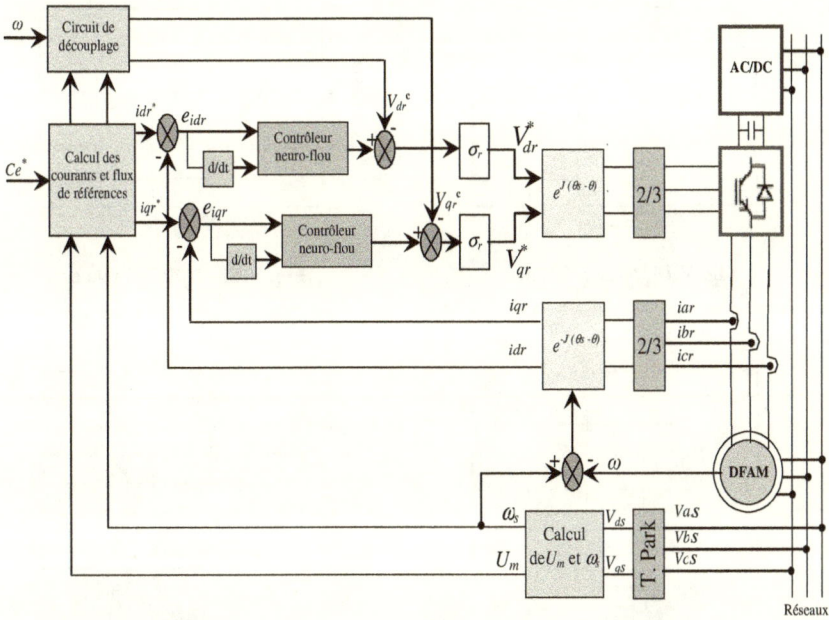

Fig. V.7. Schéma bloc global de la commande neuro-floue de la GADA

V.6. Résultats de simulation :

Les résultats de simulation reportés sur les figures (V.8-V.21), concernent l'entraînement de la *GADA* avec une vitesse de 92 rd/s, application d'un couple de référence de forme trapézoïdale qui commence à l'instant t = 0.2 s après une valeur zéro et qui tient la valeur -10 Nm à l'instant t = 0.3 s.

Le régulateur PI est remplacé par un régulateur neuro-flou.

92

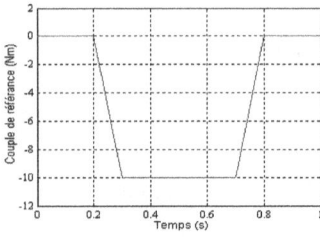

Fig. V.8. Couple de référence

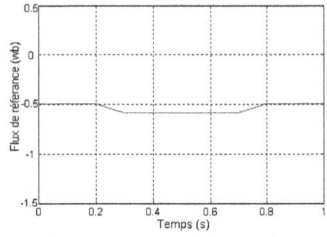

Fig. V.9. Flux de référence

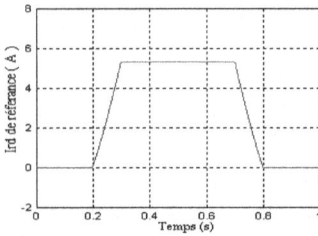

Fig. V.10. I_{rd} de référence

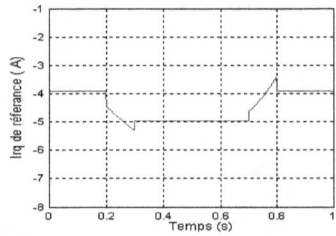

Fig. V.11. I_{rq} de référence

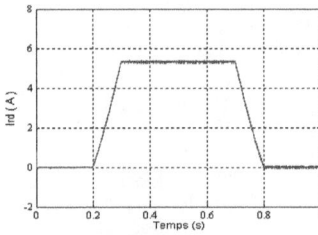

Fig. V.12. Courant rotorique I_{rd}

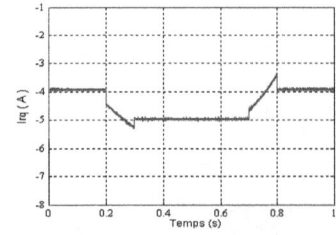

Fig. V.13. Courant rotorique I_{rq}

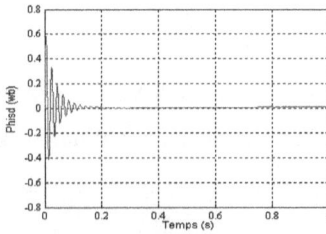

Fig. V.14. Flux statorique Ψ_{sd}

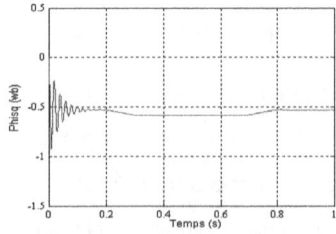

Fig. V.15. Flux statorique Ψ_{sq}

93

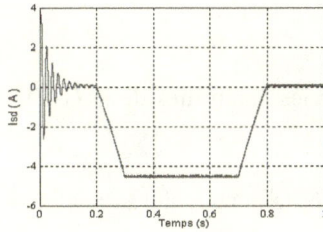

Fig. V.16. Courant statorique I_{sd}

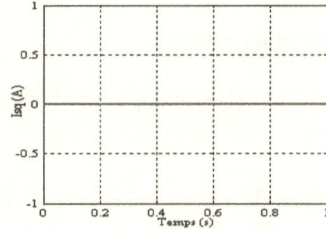

Fig. V.17. Courant statorique I_{sq}

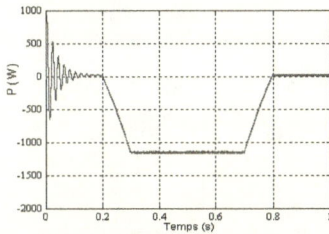

Fig. V.18. Puissance active P

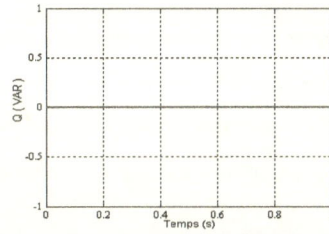

Fig. V.19. Puissance reactive Q

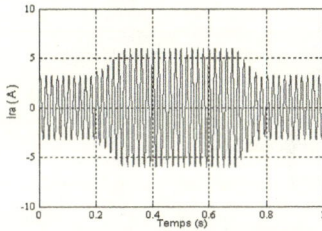

Fig. V.20. Courant de phase rotorique

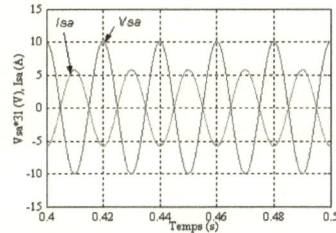

Fig. V.21. Tension et courant statoriques

Nous pouvons constater à partir figures (V.12) et (V.13) que les performances de poursuite des courants rotoriques sont très satisfaisantes, et nettement amélioré au niveau dynamique par rapport aux régulateurs PI et neuronal.

L'amélioration que porte le NFC par rapport au FLC est dans le choix des paramètres des fonctions d'appartenances pour les variables d'entrée et de sortie.

L'amélioration de NFC par rapport au contrôleur neuronal est la simplification de

94

l'apprentissage qui ne s'établit que progressivement couche par couche.

V.7. Tests de robustesse :

L'essai de robustesse consiste à faire varier les paramètres de la GADA comme suit :

- Augmentation de 50% de la résistance rotorique (R_r) introduite à $t = 0.5$s,

- Diminution de 25% des inductances propres et mutuelle (L_r, L_s et M) introduite à $t = 0.5$s. Les figures (V.22-V.37), illustrent les résultats de simulation.

A partir des résultats obtenus, nous pouvons remarquer que ces changements de paramètres n'influent pas sur les performances de commande. (Le dépassement à l'instant $t = 0.5s$ n'existe plus, figures (V.27) et (V.29) comparativement aux contrôleurs PI et neuronal).

Enfin, les résultats obtenus avec les tests de robustesse significatifs vis-à-vis de la poursuite et des variations paramétriques de la machine ont montré la très bonne qualité du régulateur neuro-flou utilisé.

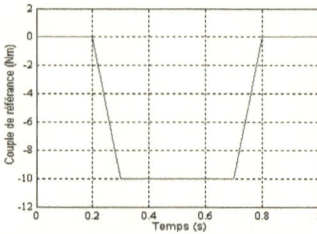

Fig. V.22. Couple de référence

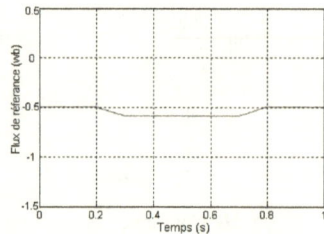

Fig. V.23. Flux de référence

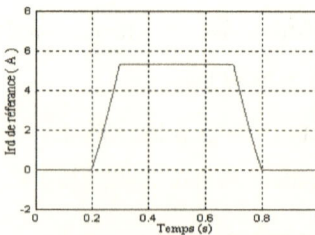

Fig. V.24. I_{rd} de référence

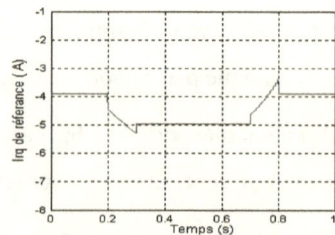

Fig. V.25. I_{rq} de référence

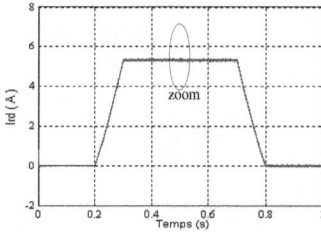

Fig. V.26. Courant rotorique I_{rd}

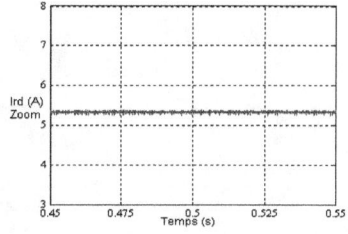

Fig. V.27. Zoom de courant rotorique I_{rd}

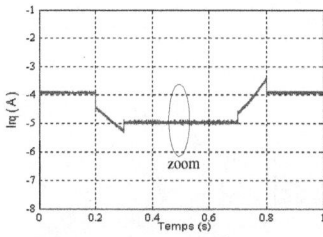

Fig. V.28. Courant rotorique I_{rq}

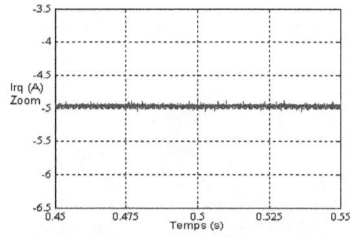

Fig. V.29. Zoom de courant rotorique I_{rq}

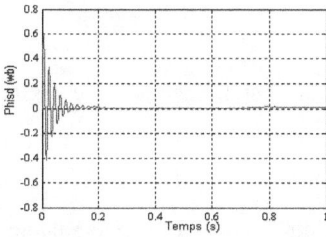

Fig. V.30. Flux statorique Ψ_{sd}

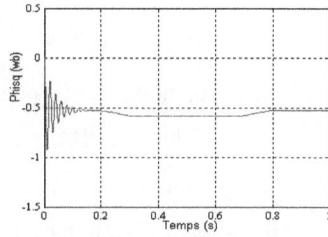

Fig. V.31. Flux statorique Ψ_{sq}

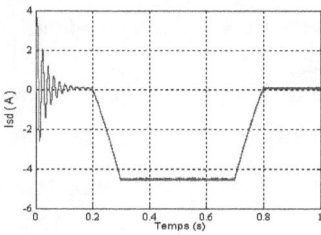

Fig. V.32. Courant statorique I_{sd}

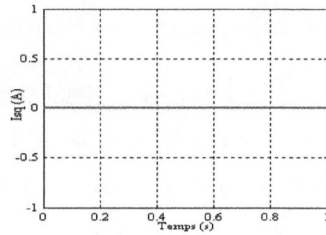

Fig. V.33. Courant statorique I_{sq}

96

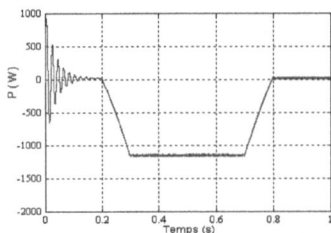

Fig. V.34. Puissance active P

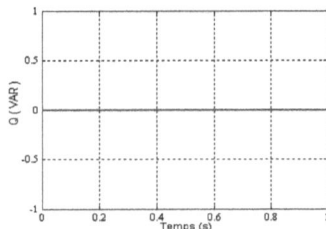

Fig. V.35. Puissance reactive Q

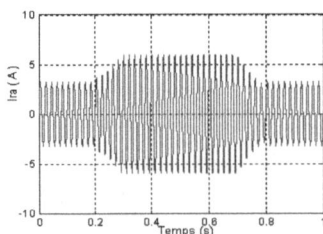

Fig. V.36. Courant de phase rotorique

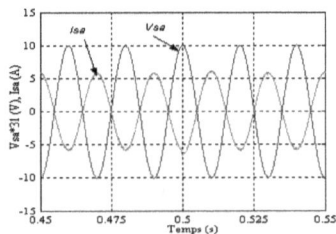

Fig. V.37. Tension et courant statoriques

V.8. Conclusion :

Dans ce chapitre, nous avons présenté un outil intelligent pour le réglage des courants rotoriques de la *GADA*, on a vu que le contrôleur neuro-flou présente une poursuite très satisfaisante de la référence et une très bonne maîtrise du régime dynamique d'une part; d'autre part, on a évité l'imprécision et le simple tâtonnement dans le choix des paramètres des fonctions d'appartenances, et ainsi la divergence de la méthode neuronale grâce aux avantages des outils neuronaux et de la logique floue qui ont été mis à l'œuvre conjointement dans le cadre du système *neuro-flou*.

En effet, la validation par simulation et l'étude de robustesse du contrôleur neuro-flou, en permettant de dire que ce dernier est le plus performant parmi les autres techniques de l'intelligence artificielles traitées pour le réglage des courant rotoriques de la machine asynchrone à double alimentation.

97

V.9. Références bibliographiques :

[1]   Racoceanu. D. et D. Ould Abdeslam, "Réseaux Neuro-Flous pour la Surveillance des Systèmes", *4ème Conférence Internationale sur l'Automatisation Industrielle*, Montréal, Canada, 2003.

[2]   Nauck. D et R. Kurse, "A Neuro-Fuzzy Approch to Obtain Interprtable Systems for function Approximation", *IEEE International Conference on Fuzzy Systems,* 1998.

[3]   Nauck. D, et R. Kruse, "What are Neuro-Fuzzy Classifiers ? ", *Seventh International Fuzzy Systems Association World Congress IFSA'97*, Vol. IV, pp. 228-233, Academie de Prague, 1997.

[4]   Lee. G et J. S. Wang, "Efficient Neuro-Fuzzy Control Systems for Autonomous Underwater Vehicle Control", *IEEE International Conference on Robotics and Automation*, Seoul, Corée, 2001.

[5]   Ould abdeslam. D, "Techniques neuromimétiques pour la commande dans les systèmes électriques : application au filtrage actif parallèle dans les réseaux électriques basse tension ", thèse de doctorat, université de Haute-Alsace, France, 2005.

[6]   Racoceanu. D, "Contribution à la surveillance des Systèmes de Production en utilisant les Techniques de l'Intelligence Artificielle", Habilitation à dirigé des recherches, université de Franche-Comté de Besançon, 2006.

[7]   Elmas. Cetin, Oguz Ustun, Hasan H. Sayan, "A neuro-fuzzy controller for speed control of a permanent magnet synchronous motor drive", *Expert Systems with Applications*, 2006.

[8]   Lin. C. T & Lee, C. S. G, "Neural fuzzy systems", Englewood Cliffs, NJ: Prentice-Hall, 1996.

[9]   Lin. F. J & Wai. R. J, "Sliding-mode controlled slider-crank mechanism with fuzzy neural network", IEEE Transactions on Industrial Electronics 48, pp.60-70, 2000.

[10] G. Leng, G. Prasad, T.M. McGinnity, "An on-line algorithm for creating self-organizing fuzzy neural networks", Neural Network 17, pp.1477-1493, 2004.

[11] R. P. Paiva, A. Dourado, "Interpretability and learning in neuro-fuzzy systems", Fuzzy Sets and Systems 147, pp.17-38, 2004.

[12] G. Leng, T.M. McGinnity, G. Prasad, "An approach for on-line extraction of fuzzy rules using a self-organising fuzzy neural network", Fuzzy Sets and Systems 150, pp.211-243, 2005.

[13] Gori. M, Tesi. A, "On the problem of local minima in back-propagation", IEEE Trans Pattern Anal Mach Intelligence, 14(1), pp.76-86, 1992.

[14] Abid. S, Fnaiech. F, Najim. M, "A fast feedforward training algorithm using a modified form of the standard backpropagation algorithm", IEEE Trans Neural Netw, 12(2), pp.424-30, 2001.

[15] Jang. J-SR, "ANFIS: adaptive-network-based fuzzy inference system", IEEE Trans Syst Man Cybern, 23(3), pp.665-85, 1993.

[16] Chau. KT, Chung SW, Chan CC, "Neuro-fuzzy speed tracking control of traveling-wave ultrasonic motor drives using direct pulsewidth modulation", IEEE Trans Industry Appl, 39(4):1061-9, 2003.

[17] Mokhtari. M, Marie. M, "Applications de MATLAB 5 Simulink2", Edition Springer, 1998.

[18] Adrian Biran, Moshe breiner, "MATLAB pour l'ingénieur Version 6 et 7", Edition PEARSON Education, 2004.

CONCLUSION GENERALE

L'objectif général de cet ouvrage était l'application des techniques de l'intelligence artificielle pour la commande de la machine asynchrone à double alimentation (*GADA*).

Nous avons commencé par aborder en détail l'état de l'art sur les machines à double alimentation, Nous avons vu que dans le cas de l'utilisation de la *GADA* dans les applications de génération de l'énergie électrique à vitesse variable, la plus grande partie de la puissance est directement distribuée au réseau par le stator et moins de 30% de la puissance totale passe par les convertisseurs de puissance à travers le rotor. Ceci donne l'occasion d'utiliser des convertisseurs plus petits et donc moins coûteux. Cela permet de réduire le coût de la production. Ainsi on a présenté les avantages du contrôle de la *GADA* qui s'effectue par l'intermédiaire du rotor avec une puissance réduite. A travers cette étude, on a montré que ce type de machine peut trouver une place intéressante parmi les différents systèmes de production d'énergie électrique.

Concernant la commande vectorielle de la *GADA* moyennant un réglage classique, nous avons conclu également que ce réglage ne contrôlait pas de manière satisfaisante le régime transitoire, ainsi la variation paramétrique influe sur les performances de la commande.

Après avoir présenté la commande vectorielle, leurs résultats de simulations et les problèmes qui lui sont propres, on a passé en suite à l'approche basée sur les techniques de l'intelligence artificielle, telles que la logique floue, les réseaux de neurones et les neuro-flous, lesquelles surpassent les limites des techniques classiques et possèdent des caractéristiques essentielles pour l'amélioration des performances de la commande proposée.

En ce qui concerne la logique floue, les systèmes d'inférence flous ont une capacité descriptive élevée due à l'utilisation des variables linguistiques. Pour la commande de la GADA, les résultats de simulation présentés montrent que les performances de cette approche surpassent la commande vectorielle à cause de la rapidité de sa dynamique et sa robustesse.

Concernant les réseaux de neurones, des améliorations importantes ont été apportées avec le régulateur neuronal par rapport au régulateur PI (en terme d'atténuation des dépassements au niveau des régimes transitoires et l'insensibilité aux variations paramétriques).

En dernier lieu, Il est donc apparu naturel de construire des systèmes hybrides qui combinent les concepts des systèmes d'inférence flous et des réseaux de neurones, cela pour avoir une approche neuro-floue capable d'améliorer les performances de la commande.

Les comparaisons des résultats présentées au cours de ce travail, nous ont amenée à conclure que le régulateur neuro-flou conduit à de meilleures   performances (poursuite   et   robustesse)   que   les   autres régulateurs traités à cause de sa robustesse, sa rapidité et la précision de ses sorties qui lui permettent de donner des décisions correctes et d'éviter les cas d'indécisions.

Finalement, la perspective intéressante de cette étude consiste à réaliser toutes ces commandes de la *GADA* expérimentalement, pour vérifier et exploiter les essais des simulations présentés.

ANNEXE

Paramètres de la génératrice:

Puissance nominale	1.4 KW.
Tension nominale	380V.
Courant nominal	5.2 A.
Vitesse nominale	880 tr/min.
Couple nominal	15 Nm.
Résistance statorique	4.7Ω.
Résistance rotorique	5.3Ω.
Inductance cyclique rotorique	0.161H.
Inductance mutuelle	0.138H.
Nombre de paire de pôles	3.
Moment d'inertie	0.07kg/m^2.
Coefficient de frottement	0.45.

MoreBooks!
publishing

mb!

yes

Oui, je veux morebooks!

i want morebooks!

Buy your books fast and straightforward online - at one of world's fastest growing online book stores! Environmentally sound due to Print-on-Demand technologies.

Buy your books online at

www.get-morebooks.com

Achetez vos livres en ligne, vite et bien, sur l'une des librairies en ligne les plus performantes au monde!
En protégeant nos ressources et notre environnement grâce à l'impression à la demande.

La librairie en ligne pour acheter plus vite

www.morebooks.fr

VSG

VDM Verlagsservicegesellschaft mbH
Heinrich-Böcking-Str. 6-8   Telefon: +49 681 3720 174   info@vdm-vsg.de
D - 66121 Saarbrücken   Telefax: +49 681 3720 1749   www.vdm-vsg.de

www.ingramcontent.com/pod-product-compliance
Lightning Source LLC
Chambersburg PA
CBHW021115210326
41598CB00017B/1454

* 9 7 8 3 8 3 8 1 7 0 8 1 7 *